Kleine Hubschrauberschule

Helmut Mauch

KLEINE HUBSCHRAUBER SCHULE

Fliegen leicht gemacht

Verantwortlich: Lothar Reiserer
Schlusskorrektur: Manuel Miserok
Satz: Helen Garner
Repro: Cromika, Verona
Herstellung: Anna Katavic
Printed in Slovenia by Florjancic

Sind Sie mit diesem Titel zufrieden? Dann würden wir uns über Ihre Weiterempfehlung freuen.
Erzählen Sie es im Freundeskreis, berichten Sie Ihrem Buchhändler, oder bewerten Sie das Werk online.
Und wenn Sie Kritik, Korrekturen oder Aktualisierungen haben, freuen wir uns über Ihre Nachricht an den GeraMond Media, Postfach 40 02 09, D-80702 München oder per E-Mail an lektorat@verlagshaus.de.

Unser komplettes Programm finden Sie unter

Die Deutsche Nationalbibliothek verzeichnet diese Publikation in der Deutschen Nationalbibliografie; detaillierte bibliografische Daten sind im Internet über http://dnb.d-nb.de abrufbar.

2. Auflage

ISBN 978-3-86245-030-5

Den Hubschrauber fliegen – ohne Formeln

Jeder, der sich mit dem praktischen Hubschrauberfliegen befasst hat, musste sich auch an einem Berg von Theorie hocharbeiten. Diesen zu bewältigen, erfordert viel Geduld und Durchstehvermögen. Hier sind die Fächer Aerodynamik und Fluglehre am meisten fordernd, da sie auch viel Vorstellungsvermögen verlangen.
Die alte Absicht, dass ein Lernprozess mit simultan verlaufender Praxis und Theorie die größte Effizienz erreicht, lässt sich aus verschiedenen Gründen nicht immer verfolgen. So bieten zumindest gezielte Vorbereitungen gewisse Erleichterungen, wenn bei scheinbar hochkomplexen Abläufen von einigen Flugmanövern das Verständnis streiken will.

Mit zunehmender Erfahrung erweitert sich aber die Erkenntnis der Notwendigkeit auch des theoretischen Wissens. Vieles erscheint anfangs als Ballast, den man nur durch die Prüfung „hindurchschleppen" möchte. Aber es gibt auch Flugzustände, besonders jene im aerodynamischen und strukturellen Grenzbereich, wo die Theorie auf bestimmte Warnsymptome aufmerksam macht und so den Beginner wie auch den Professionellen auf der sicheren Seite hält.

Dieses Buch soll auch auf diese Flugsituationen neugierig machen. Der Text ist bewusst leicht verständlich gehalten und soll die Skizzen ergänzen – und umgekehrt. Schwierige Abläufe sind leichter zu erfassen. Die aerodynamischen Probleme werden so weit behandelt, wie sie zur Erklärung der fliegerischen Handhabung erforderlich sind. Die Zeichnungen sind aus Platzgründen nicht immer maßstäblich und deshalb zum besseren Verständnis übertrieben. Das stets präsente „Strömungsdreieck" soll die aerodynamischen Vorgänge besser veranschaulichen.

Der flugpraktische Teil spricht nur die wichtigsten Manöver an, die man trotz der vielfältigen Verwendungsmöglichkeiten des Hubschraubers prinzipiell anwenden muss.

Für Flächenflugzeugpiloten werden bei für Hubschrauber typischen Vorgängen einige fachdienliche Vergleiche angeboten.

Helmut Mauch
Oktober 2016

Inhalt

KAPITEL 1

Auftrieb und Strömungen

Zu Anfang der Luftfahrtgeschichte standen Versuche mit Ballons, Drachen und verschiedenen Apparaten, die oft eine Mixtur aus unterschiedlichen Konstruktionen darstellten. Häufig wurde auch die reine Vogelform nachempfunden und bereits ein Luftsprung galt als Erfolg. Was im Besonderen für den Senkrechtstart fehlte, waren außer einem effektiven Antrieb die fundierten Kenntnisse der Aerodynamik.

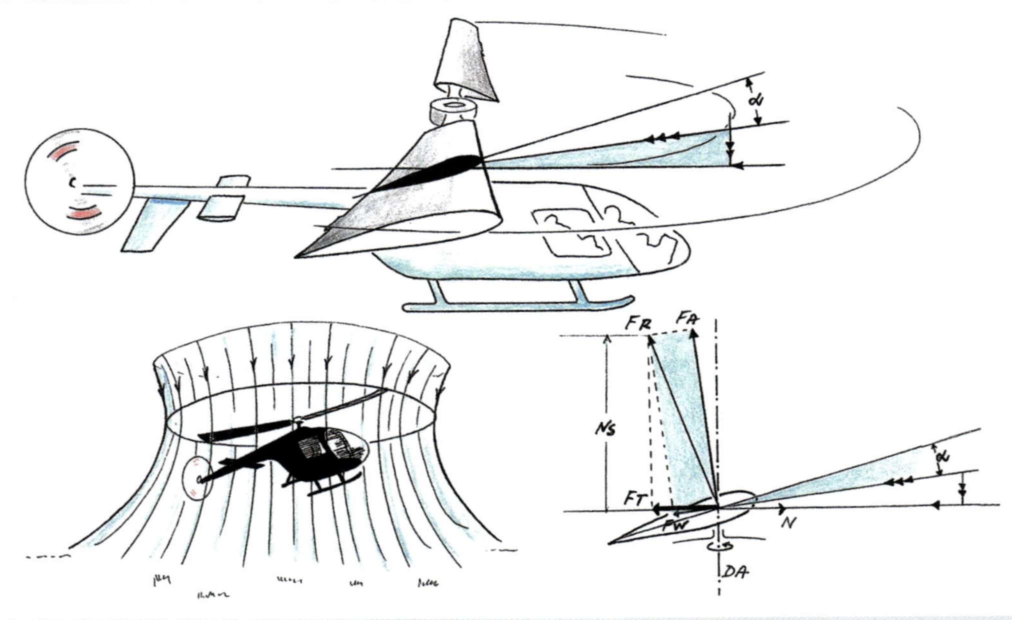

Abb. 1: **Im motorgetriebenen Flugzustand wird der Rotorstrahl von oben nach unten durch die Rotorkreisebene beschleunigt.**

Ein paar aerodynamische Erklärungen und Flugzustände

Anfänge

Schon vor langer Zeit begann der Mensch, sich mit den Voraussetzungen für den Menschenflug zu befassten. Sagen und Überlieferungen berichten von Versuchen, die Schwerkraft zu überwinden.

Es lässt sich nicht mehr genau feststellen, wie alt die Idee ist, statt wie die gefiederten Vorbilder mit ihren soliden Flügeln und den erforderlichen Bewegungen einfach mit waagerecht rotierenden Luftschrauben Auftrieb zu erzeugen. Schon lange gibt es Skizzen von verschiedenen Konstruktionen. Bereits damals unterschied man zwischen Apparaten mit starren Flügeln und solchen mit Drehflügeln. Da man aber noch keine brauchbare Kraftquelle gefunden hatte, blieb es vorerst nur bei Entwürfen und enttäuschenden Versuchen. Erst als der Mensch eine Kraftmaschine entwickelt hatte, konnte man endlich verschiedene Konstruktionsrichtungen verfolgen.

Während vielen Flugbegeisterten der Bau von Luftfahrzeugen leichter als Luft vorteilhafter erschien, befasste sich manche mit Geräten schwerer als Luft. Hier begannen ernsthafte Versuche, statt mit notwendiger Geschwindigkeit gegenüber der Luft einfach senkrecht vom Boden abzuheben. Doch beim Bau von Flugmodellen erkannte man die Kompliziertheit der Konstruktion. Das fliegerische Verhalten des Drehflüglers bereitete erheblich mehr Probleme als der fast stabile Flug des Starrflüglers. Besonders die aerodynamischen Eigenarten des Helikopters gaben noch viele Rätsel auf, die erst Jahrhunderte später befriedigend gelöst werden konnten.

Abb. 2: **Viele Hoffnungen schmolzen anfangs dahin.**

Auf geht's

Bei jedem Luftfahrzeug dient ein Hauptbauteil der Auftriebserzeugung. Während beim Starrflügelflugzeug die Tragflächen eine dem Gewicht entgegengerichtete Kraft erzeugen, indem

Abb. 3: **Die Strömungen und Steuerbarkeit boten wiederholt Probleme und Überraschungen.**

Abb. 4: **Was des Starrflüglers Fahrt – ist des Drehflüglers Drehzahl.**

das gesamte Fahrzeug gegenüber der Luftmasse bewegt werden muss, setzt man beim Drehflügler zunächst nur die tragflächenähnlichen Rotorblätter gegenüber der Luftmasse in Bewegung. Der Antrieb für die Vorwärtsbeschleunigung wird auf verschiedene Art erzeugt. [Abb. 4]

Arten von Schraubern

Zunächst verfolgte man auch innerhalb der Drehflügler-Familie drei verschiedene Baurichtungen. Der Tragschrauber weist noch die meisten tragflächenflugähnlichen Eigenschaften auf.

Das Fluggerät wird solange gegen den Luftstrom beschleunigt, bis dessen Kräfte den Rotor antreiben. Ein Propeller dient der Vorwärtsbewegung. Der Tragschrauber kann mit sehr geringer Geschwindigkeit gestartet und gelandet werden. Der feste Flügel ist durch den Drehflügel ersetzt. Der Flugschrauber besitzt einen vom Motor angetriebenen Rotor, einen Heckrotor und einen Zug- oder Druckpropeller. Der Rotor erzeugt den Auftrieb, der Propeller die Vorwärtsbewegung. Hierdurch können höhere Geschwindigkeiten erreicht werden, da der Hauptrotor nur den Auftrieb liefern muss. Beim Hubschrauber wird der Rotor zur Auftriebserzeugung und der Heckrotor zum Drehmomentausgleich vom Motor angetrieben. Zur Fahrtaufnahme wird der Hauptrotor in die beabsichtigte Richtung geneigt. Man hatte unzählige Versuche angestellt und lange studiert, bis man die für den Bau der einzelnen Rotorelemente entscheidenden Faktoren fand und beherrschte. [Abb. 5]

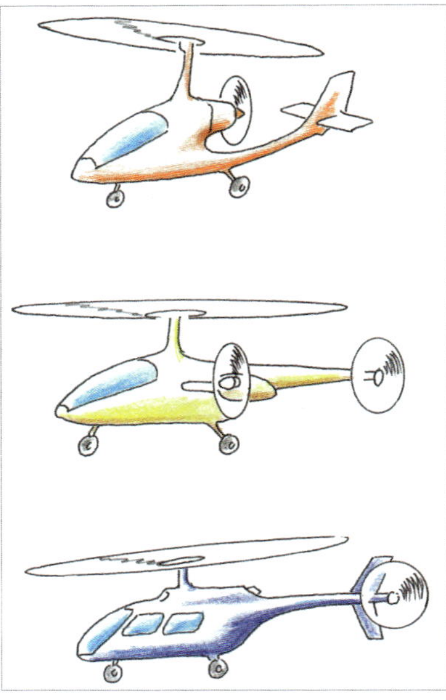

Abb. 5: **Aus der Drehflüglersparte hat sich neben Tragschrauber und Flugschrauber der Hubschrauber herauskristallisiert.**

Profilsuche [Abb. 6]

Es wurden Profile und Formen erprobt, bis man die für den jeweiligen Hubschraubertyp günstigsten Komponenten ge- und erfunden hatte. Denn um Auftrieb zu erzeugen, muss ein Rotorblatt ähnliche Eigenschaften wie eine Tragfläche aufweisen.

Der Querschnitt durch einen Flügel oder durch ein Rotorblatt – das Profil – soll möglichst viel Auftrieb und wenig Widerstand erzeugen. Zur Auftriebsbildung muss ein Körper derart geformt sein oder so im Luftstrom bewegt werden, dass an seiner Oberseite die Strömung beschleunigt und an der Unterseite verlangsamt wird. Da nach dem Gesetz von Bernoulli in schneller Strömung der Druck abnimmt und in langsamerer ein Überdruck entsteht, ergibt sich daraus eine nach oben gerichtete Kraft.

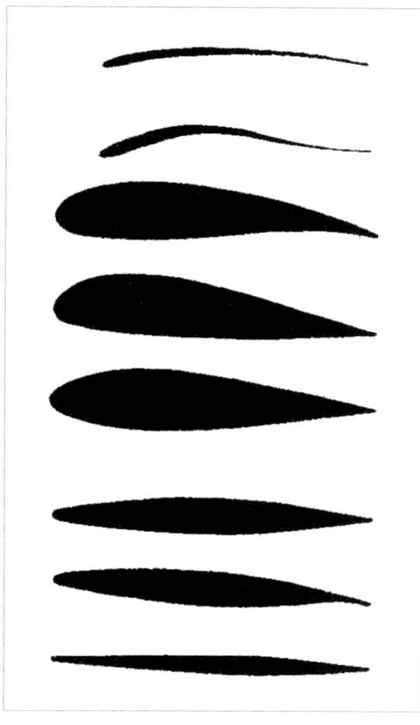

Abb. 6: **Wie für Tragflügel wurden verschiedene Profilformen versucht und entwickelt: Möglichst wenig Widerstand bei hoher Auftriebsleistung.**

Der Auftrieb [Abb. 7]

Die Größe des Auftriebs ist von mehreren Faktoren abhängig. Um erst einmal die erforderlichen Strömungsverhältnisse zu schaffen, muss ein Profil die notwendige Anströmungsgeschwindigkeit erreichen und beibehalten. Solange die Strömung am Profil anliegt, kann der Anstellwinkel – Winkel zwischen der Profilsehne und der Anströmrichtung – verändert werden. Mit Zunahme dieses Winkels wächst der Auftrieb, aber auch der Widerstand, zuletzt reißt die Strömung ab. Dies kann zum Zusammenbruch der Rotordrehzahl führen und im Verlust des Hubschraubers enden. Es muss deshalb die richtige Betriebsdrehzahl ohne größere Änderung eingehalten werden. Denn: Was des Starrflüglers Fahrt – ist des Drehflüglers Drehzahl.

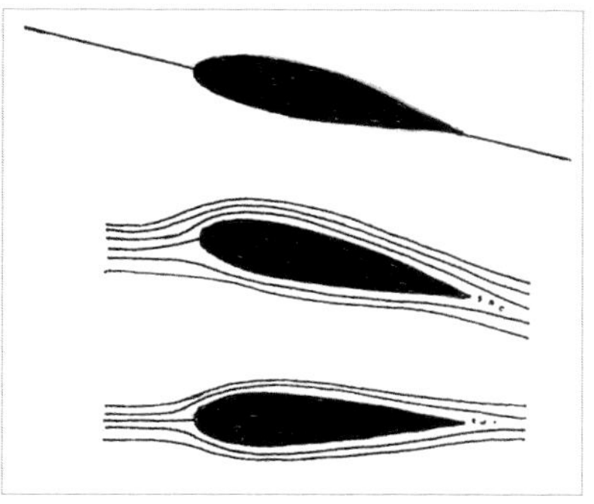

Abb. 7: **Mit der Änderung der Anstellung eines Profils verändert sich auch die Umströmung und Auftriebserzeugung.**

Rund ums Profil, vom Medium Luft, in der wir fliegen

Entgegen der Behauptung, Luft hätte keine Balken, ist diese durchaus in der Lage, tragende Kräfte zu entwickeln. Bei vielen Erscheinungen kann man beobachten, dass die Luftmasse unter

Abb. 8: **Auch die Luftdichte hat einen wichtigen Einfluss auf die gesamte Aerodynamik.**

Abb. 9: **Rechts: Hier zeigt sich bei erhöhter Geschwindigkeit der Oberseite des Profils verringerter Druck, auf der Unterseite Stau und Überdruck.**

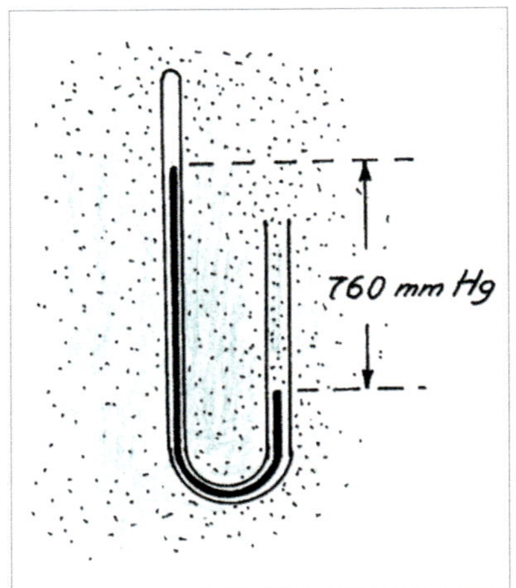

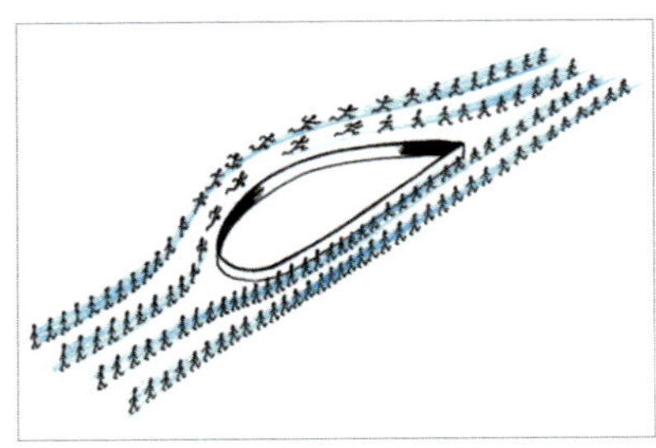

bestimmten Voraussetzungen Kräfte ausübt, die man nicht nur in der Luftfahrt ausnutzt. Schon der normale Luftdruck ist imstande, auf Meereshöhe eine Quecksilbersäule um 760 Millimeter anzuheben. Das entspricht 1.013,25 Hektopascal. [Abb. 8]

Bei Flüssigkeiten oder Gasen bleibt das Volumen einer Menge gleich, wenn diese durch verschiedene Querschnitte in der gleichen Zeiteinheit tritt. Bei diesem Vorgang erhöht sich die Geschwindgkeit, wenn der Querschnitt abnimmt. [Abb. 9]

Da die an der Nase des Profils ankommenden Luftteilchen nach der Verteilung nach oben und unten auf der Profiloberseite eine größere Strecke als die Teilchen auf der Unterseite zur gleichen Zeit zurücklegen müssen, erhöhen sie ihre Geschwindigkeit. Erhöhte Geschwindigkeit bedeutet Unterdruck, verlangsamte Überdruck – der Profilkörper hebt sich. [Abb. 10]

Strömung am Profil [Abb. 11]

1 der Staupunkt: Ankommender Luftstrom verteilt sich auf Profilober- und Unterseite 2, Grenzschicht: verändert sich von einem gleichlaufenden (laminaren) in ein turbulentes Verhalten. Mit Abstand vom Profil nimmt die Geschwindigkeit zu, der Umschlagpunkt. 3, turbulente Grenzschicht hebt von der Profiloberfläche ab, Ablösungspunkt. 4, sich vom Profil ablösende Wirbel, auch der Anfahrwirbel schwimmt mit der Strömung fort. 5, auf der Profiloberseite beschleunigte Strömung – Unterdruck. 6, an der Profilunterseite verlangsamte Strömung – Überdruck.

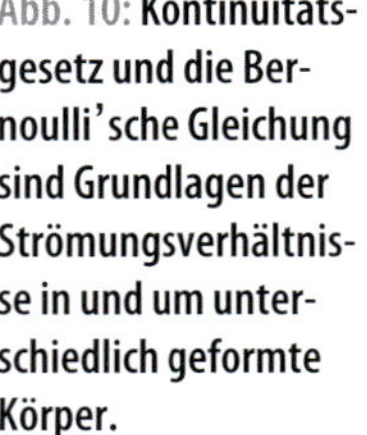

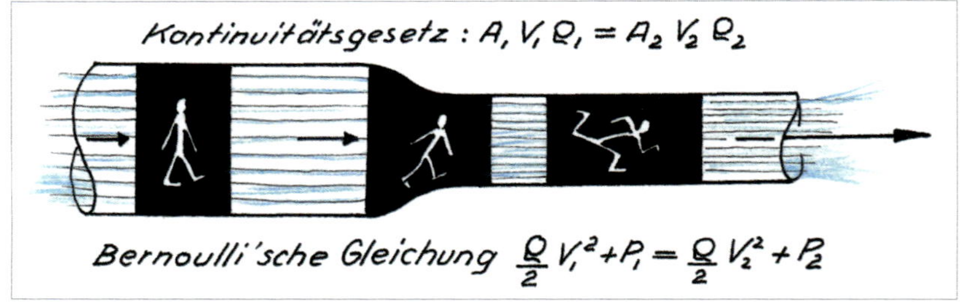

Abb. 10: **Kontinuitätsgesetz und die Bernoulli'sche Gleichung sind Grundlagen der Strömungsverhältnisse in und um unterschiedlich geformte Körper.**

Die Grenzschicht [Abb. 12]

Sie stellt die Verbindung zwischen der Profiloberfläche und der Parallelströmung dar. Sie bewegt sich quasi wie ein Ölfilm um das Profil. Sie beeinflusst die Hauptströmung, indem sie an der Vorderseite des Profils noch parallel verläuft, weiter hinten am Umschlagpunkt verändert sich die Laminarität in Turbulenz, sodass sich am Ablösepunkt die Strömung vom Profil entfernt. Das Verhalten der Grenzschicht hängt von der Profilbeschaffenheit sowie der Anströmrichtung- und Geschwindigkeit ab. Die untersten Luftteilchen haften an der Profilhaut, nehmen zur Hauptströmung hin deren Geschwindigkeit an. Hinter dem Ablösepunkt erhöht sich die Grenzschicht und ermöglicht sogar eine Gegenströmung, die aber mit zunehmendem Abstand vom Profil die Richtung und Geschwindigkeit der Primärströmung annimmt.

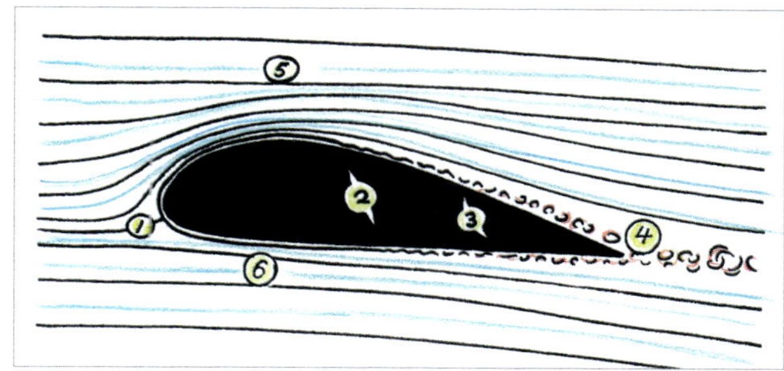

Der Strömungsabriss

Beim turbulenten Profil verläuft die Grenzschicht sehr weit vorn laminar, schlägt sehr früh in Turbulenz um und löst sich vor der Hinterkante ab. Beim Überziehen des maximalen Anstellwinkels reißt die Strömung bei großem Nasenradius allmählich ab. Umschlag- und Ablösepunkt wandern nach vorne. Der Turbulenzkeil schiebt sich von der Hinterkante her unter die Strömung der Oberseite und bringt sie zum Abriss. Für höhere Geschwindigkeiten wurde das Laminarprofil entwickelt.

Abb. 11: **An Position 1 Staupunkt, 2 zeigt die Umschlagpunkte, 3 die Ablösungspunkte, 4 den turbulenten Nachlauf, 5 die homogene Strömung der Oberseite und 6 die der Unterseite.**

Turbulentes und Laminarprofil

Abb. 12: **Links: Am oberen Profil liegt die Strömung noch an, darunter löst sie sich weitgehend ab, wodurch sich von der Hinterkante her auch eine Gegenströmung bildet.**

Abb. 13: **Rechts: Kleine Profilkunde, t = Profiltiefe, d = max. Dicke, xd = Dickenrücklage, r= Nasenradius, PS = Profilsehne, Sk = Skelettsehne, f = Wölbung, xf = Wölbungsrücklage, Phi = Hinterkantenwinkel.**

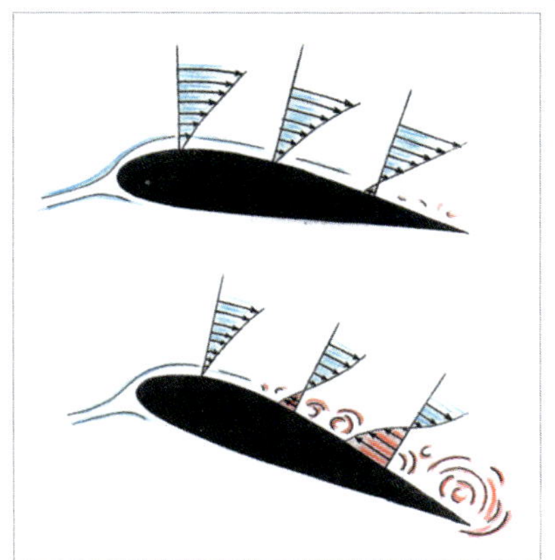

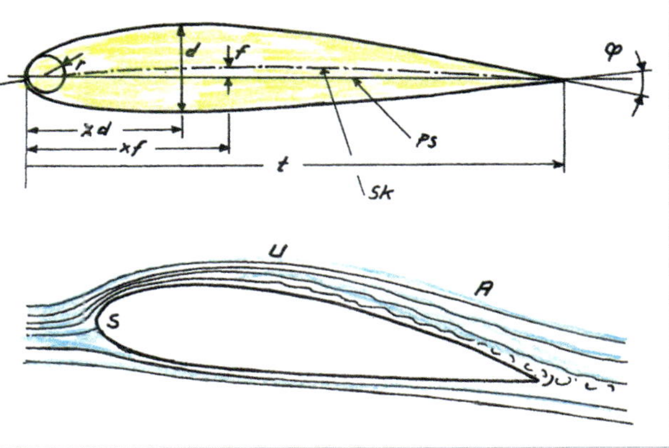

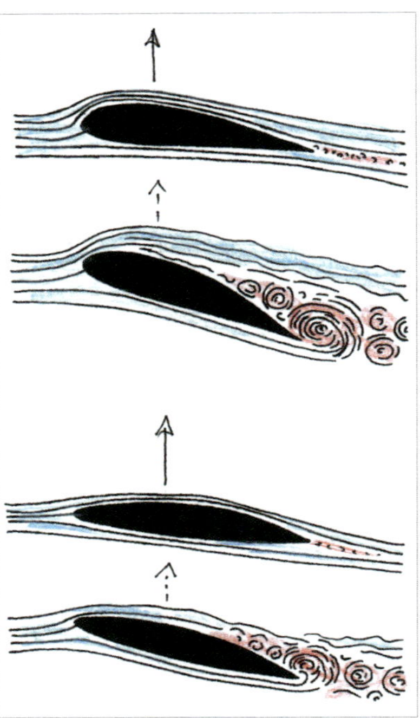

Abb. 14: **Unterschiedliches Abreißverhalten der Strömung am turbulenten und am Laminarprofil.**

Das Dickemaximum wurde rückverlegt, dadurch wird der vordere Profilbereich sehr schlank, der Nasenradius klein. Durch glatte Oberfläche wird der Auftriebskörper widerstandsärmer. Umschlag- und Ablösepunkt liegen weit hinten. Beim Überziehen reißt die Strömung plötzlich ab, da der kleine Nasenradius eher wie eine runde Kante wirkt. [Abb. 14]

Dem Lilienthal'schen Polardiagramm [Abb. 15] kann man Auftriebs- und Widerstandsbeiwerte bei verschiedenen Anstellwinkeln entnehmen. Wichtig ist auch das Abreißverhalten im maximalen Anstellwinkelbereich. Dieses kann durch entsprechendes Klappensystem verbessert werden, ist aber im Drehflüglerbereich nicht realisierbar. Auf der Suche nach geeigneten

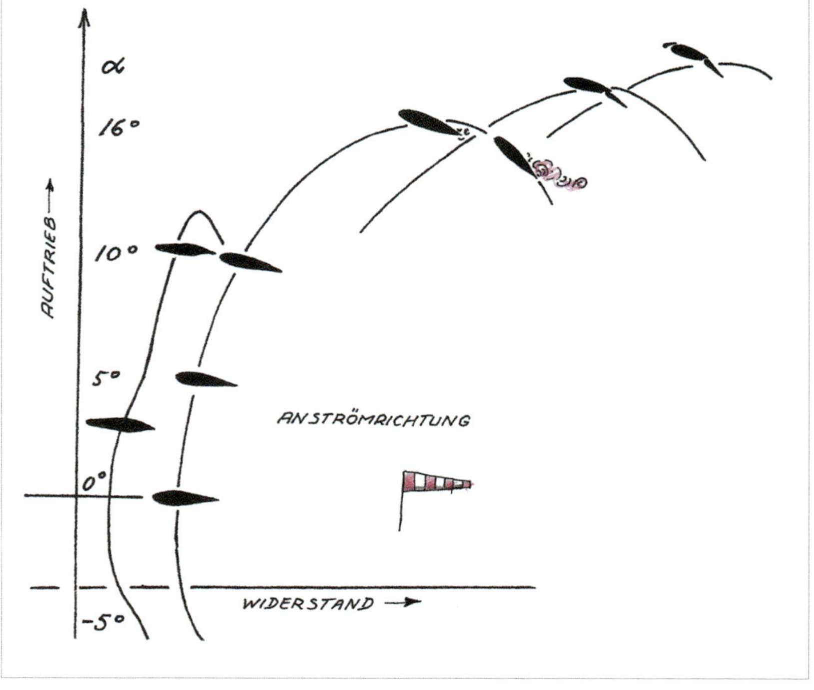

Abb. 15: **Eine Art „Steckbrief" des Profils: das Lilienthal'sche Polardiagramm. Es zeigt Auftriebs- und Widerstandsbeiwert unter verschiedenen Anstellwinkeln. Und auch bei speziellen Flügelkonfigurationen.**

Profilen haben sich bestimmte Kombinationen herauskristallisiert. So kann z. B. der Nasenradius bei schlanken Profilen vergrößert werden und führt insgesamt zu einer Wölbung.

Das „orthodoxe“ oder turbulente Profil mit turbulenter Grenzschicht besitzt gute Auftriebsleistung und gutmütiges Strömungsabreißverhalten, ist aber widerstandsreicher. Das Laminarprofil mit überwiegend laminarer Grenzschicht zeigt wesentlich geringeren Widerstand, verhält sich jedoch am Anstellwinkelmaximum weniger gutmütig.

Wird die Anströmgeschwindigkeit erhöht oder der Anstellwinkel vergrößert, wird die Oberseitenströmung noch mehr beschleunigt, der Druck auf der Unterseite nimmt zu – der Widerstand auch.

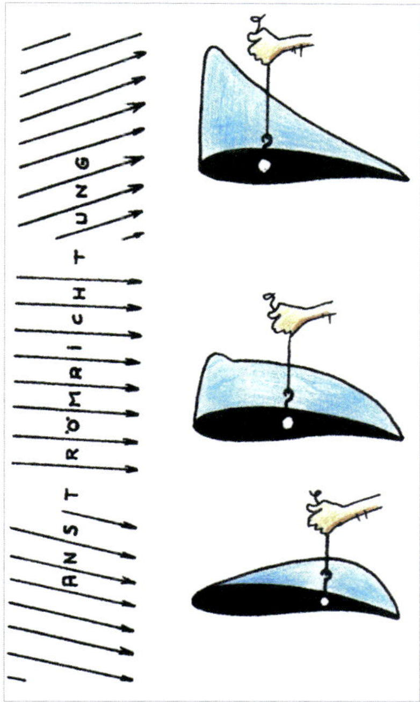

Abb. 16: **Bei einem gewölbten Profil wandert unter verschiedenen Anstellwinkeln der aerodynamische Druckmittelpunkt.**

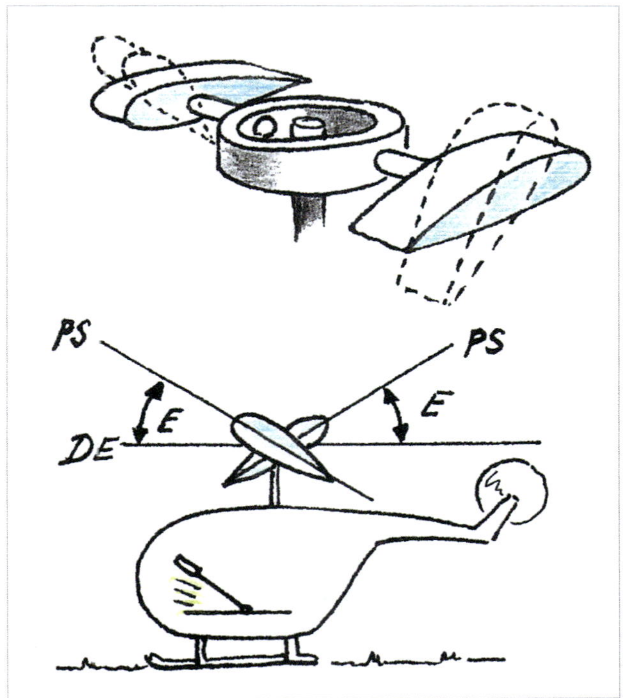

Abb. 17: **Mit Vergrößerung des Einstellwinkels entsteht auch der effektive Anstellwinkel – der Auftriebslieferant. Die Propellerverstellung des Rotors soll ohne eigenmächtige Veränderung des Einstellwinkels geschehen.**

Druckpunktwanderung [Abb. 16]

Bei gewölbten (unsymmetrischen) Profilen kommt es bei einer Veränderung des Anstellwinkels zu einer Lageveränderung des aerodynamischen Druckmittelpunktes. An diesem greift die resultierende Luftkraft an. Diese Verschiebung wird beim Starrflügler durch das Leitwerk kontrolliert, beim Drehflügler durch Hydraulik-Unterstützung verhindert. So werden beim Hubschrauber ohne diese Anlage vorwiegend symmetrische Profile verwendet, da diese überwiegend druckpunktfest sind. Der aerodynamische Druckpunkt, an dem sämtliche Luftkräfte angreifen, sollte mit dem Drehpunkt des Profils zusammenfallen, da sonst bei einer Druckpunktwanderung zu starke Verwindungskräfte auftreten

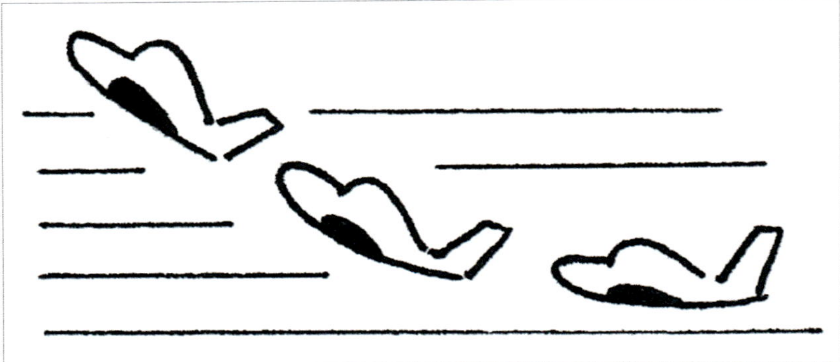

Abb. 19: **Zu jeder Auftriebsvergrößerung muss entweder die Fahrt oder der Anstellwinkel erhöht werden – wie beim Starrflügler.**

Abb. 18: **Die Rotorblätter müssen genügend Steifigkeit besitzen, damit innerhalb der Struktur keine Verformung entsteht.**

können. Die Rotorblätter sind so gestaltet, dass sie im Ruhezustand nicht gestützt zu werden brauchen. Im Betrieb werden sie durch die Zentrifugalkraft gestreckt und bestreichen eine kreisförmige Fläche, Rotorkreisfläche genannt. [Abb. 17] Die Lage dieser Drehebene ist entscheidend für die Schubrichtung des Gesamtauftriebs des Rotors. Will man z. B. beim Starrflügler die Flughöhe ändern, so muss man zunächst die Fluglage um die Querachse verändern, so dass sich der Anstellwinkel [Abb. 19] vergrößert oder verkleinert. Der Auftrieb erhöht sich auch durch Fahrtzunahme, er nimmt bei deren Verringerung entsprechend ab.

Beim Drehflügler wird zum Wechseln der Flughöhe ohne Vorwärtsgeschwindigkeit der Gesamtauftrieb innerhalb der Rotorkreisfläche verändert. Hierbei wird nach dem Prinzip eines verstellbaren Propellers verfahren. Es werden alle Blätter gleichzeitig

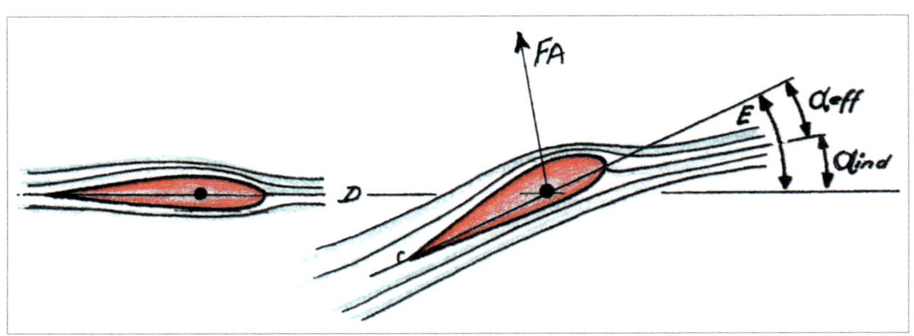

Abb. 20: **Die drei Winkel bilden das aerodynamische „Image“: Einstellwinkel, induzierter Anstellwinkel und effektiver Anstellwinkel. Der Einstellwinkel wird auch als geometrischer Anstellwinkel bezeichnet.**

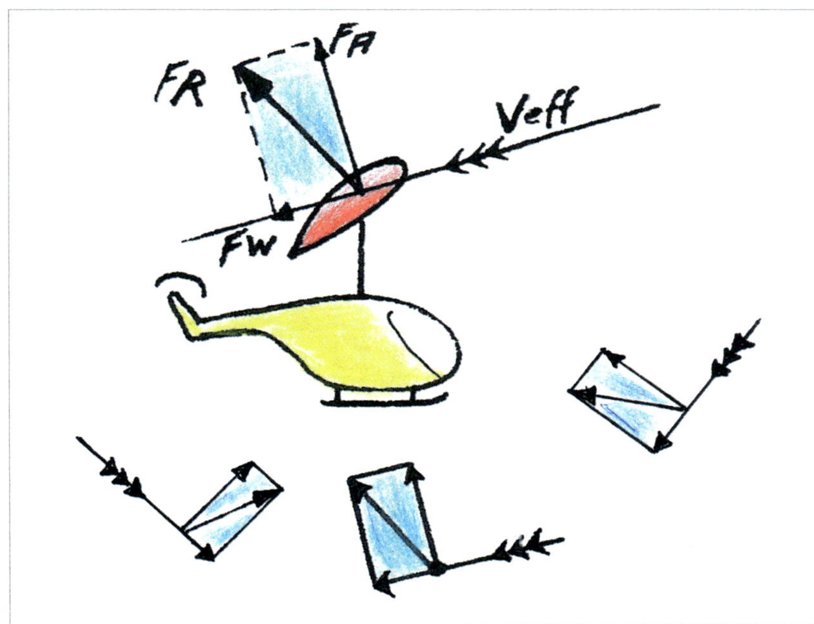

Abb. 21: **Dieses „Schablönchen" kann stets am Druckpunkt angelegt werden und kann im motorgetriebenen wie auch autorotativen Zustand die Kräfterichtungen zeigen.**

um den gleichen Betrag verstellt. Dieser Ausschlag wird als Einstellwinkel „E" bezeichnet, Winkel zwischen Profilsehne „PS" und Rotornormalebene oder Drehebene „DE". Die Steuerung dieser Einheit wird mit dem kollektiven Blattverstellhebel (Pitch) vorgenommen. Solange sich der Rotor mit einem Einstellwinkel Null dreht, wird er zunächst nur aus der Drehebenenrichtung angeströmt – parallel zur Profilsehne. Sobald der Pitch angehoben wird, vergrößert sich der Einstellwinkel. [Abb. 20] Ähnlich einer Luftschraube kommt es neben der o. a. Anströmung aus der Drehebene zu einer Anströmung durch die Drehebene hindurch. Aus diesen beiden Vektoren – aus der Drehebene und aus der senkrechten Durchtrittsgeschwindigkeit – ergibt sich die effektive Anströmung „V_{eff}". Der Winkel zwischen Profilsehne und V_{eff} ist der effektive Anstellwinkel. Die drei Vektoren bilden

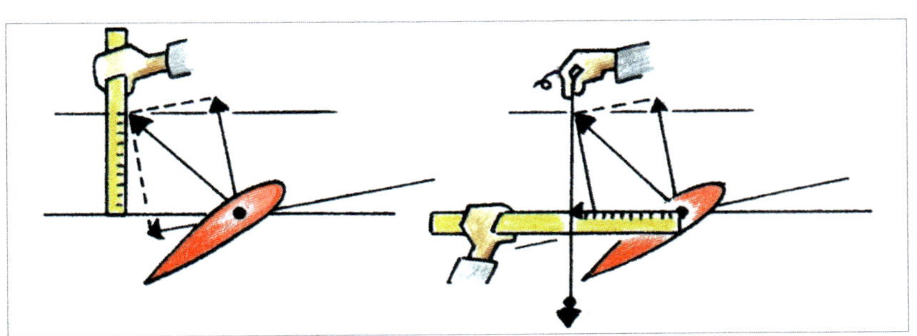

Abb. 22: **So misst man den Normalschub: von der Drehebene bis zur Resultierenden. Und so die Tangentialkraft: Vom Druckmittelpunkt bis zu einer Senkrechten von der Resultierenden aus.**

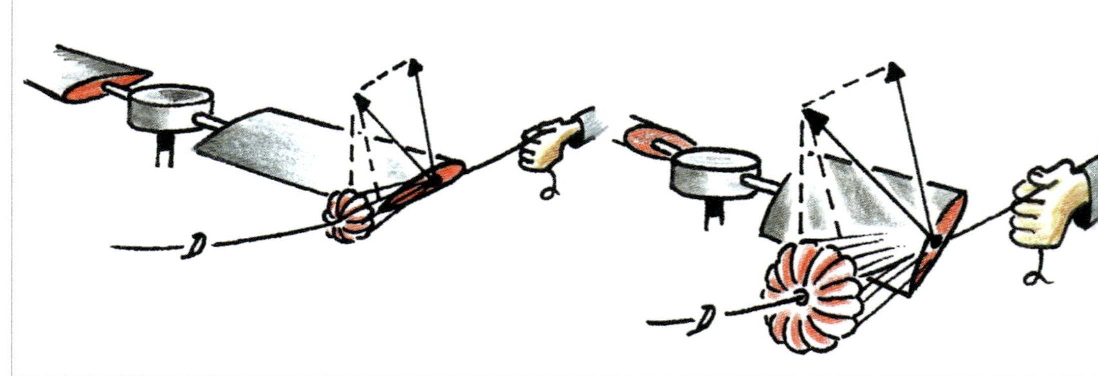

Abb. 23: **Im motorgetriebenen Flug ist die Tangentialkraft von der Motorleistung zu überwinden.**

das Strömungsdreieck. Der Anstellwinkel hängt also von der Resultierenden dieser beiden Anströmungen ab. So erklärt sich , dass mit dem Anheben des Pitch der Auftrieb aller Rotorblätter gleichzeitig zunimmt. Die Gesamtschubrichtung steht dabei senkrecht auf der Rotorkreisfläche. Je größer der Auftrieb wird, desto mehr nimmt der Widerstand zu. Wie beim Starrflügler muss bei Anstellwinkelvergrößerung die Antriebsleistung erhöht werden, damit die „Fahrt“ der Rotorblätter erhalten bleibt. Denn bei deren Anstellung wächst der Widerstand und „frisst“ Drehzahl. Die Motorleistung muss entsprechend manuell oder automatisch angeglichen werden.

Blatt-Theorie [Abb. 24]

An jedem Profil bilden sich im Flug mehrere Komponenten. Auf der effektiven Anströmrichtung steht senkrecht der Auftrieb F_A. In Richtung der effektiven Anströmung wirkt der Luftwiderstand F_W. Aus Auftrieb und Widerstand ergibt sich die Resultierende Luftkraft F_R. Mit dieser stellt man zeichnerisch senkrecht zur Drehebene den Vertikalschub des Rotors an diesem Blattelement fest. Von der Resultierenden ausgehend kann die Tangentialkraft F_T festgestellt werden, indem der lotrechte Abstand der Resultierenden entlang der Drehebene bis zum Druckpunkt des Profils gemessen wird.

OHNE FAHRT KEIN AUFTRIEB

Um einen geeigneten Auftriebskörper zu bewegen, muss auch der angemessene Antrieb verfügbar sein. So müssen Profile in der Luftmasse eine bestimmte Geschwindigkeit einhalten können, um innerhalb einer toleranten Anstellung die erforderliche Auftriebskraft zu erzeugen. Voraussetzung ist eine überwiegend ungestörte Strömung, die sich in eine obere und untere entlang des Profils teilt und durch unterschiedliche Geschwindigkeit, die auf der Oberseite höher ist, einen Druckunterschied herbeiführt. Dieser bewirkt eine aufwärts gerichtete Kraft: den Auftrieb.

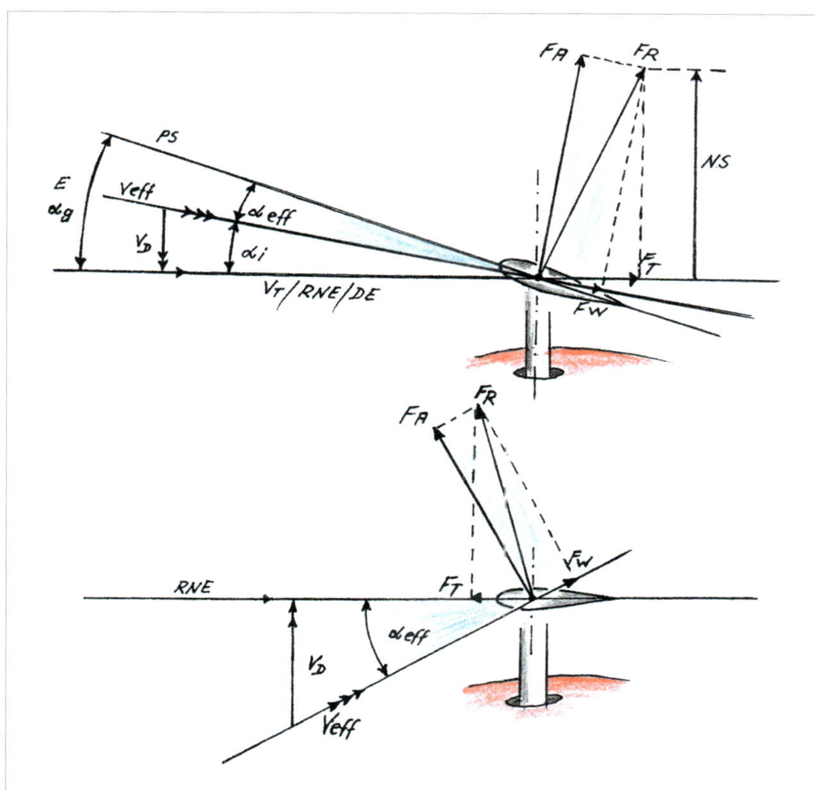

Abb. 24: **Die Kräfte, Strömungskomponenten und Winkel können sich ständig verändern, aber ihre Bezeichnung bleibt bestehen.**

Die Tangentialkraft [Abb. 23]

Sie wirkt je nach Abstand von der Rotordrehachse (Rotormast) mit entsprechendem Hebelarm bremsend auf die Drehung des Rotors ein. Sie muss durch Motorleistung überwunden werden. Hieraus folgt, dass für den Steigflug zunächst der Anstellwinkel vergrößert wird und eine Zunahme des Auftriebs und des Widerstandes eintritt. Davon abhängig wächst die Resultierende Luftkraft. Gleichzeitig nimmt die Tangentialkraft zu, sodass der Umlauf des Rotors gebremst wird. Zur Vermeidung eines einsetzenden Drehzahlverlustes muss simultan Triebwerksleistung zugeführt werden.

Gesamtdarstellung der Kräfte am Rotorblatt während des motorgetriebenen Flugzustandes.

PS: Profilsehne, **V_t:** tangentiale Anströmgeschwindigkeit aus der Rotornormalebene, **RNE** oder **DE** Drehebene, **V_d**: senkrechte Durchtrittsgeschwindigkeit, **V_{eff}**: effektive Anströmgeschwindigkeit, **$alpha_{eff}$**: effektiver Anstellwinkel, **$alpha_i$:** induzierter Anstellwinkel, **E** oder alpha **G**: Einstellwinkel oder geometrischer Anstellwinkel, **F_A**: Auftrieb, **F_W**: Widerstand, **F_R**: Resultierende Luftkraft, **F_T**: Tangentialkraft, **NS**: Normalschub.

Mithilfe des Strömungsdreiecks lassen sich alle diese Wirkungen darstellen.

KAPITEL 2

Die Steuerung

Was von außen einfach und mit Leichtigkeit zu beherrschen scheint, erstaunt den Anfänger im Inneren des Hubschraubercockpits umso mehr. Hier wird von „Hand und Fuß" aktive und feinpräzise Arbeit gefordert. Dass die Steuerungskomponenten voneinander unabhängig agieren und sich dennoch beeinflussen, erschwert anfangs eine koordinierte Handhabung.

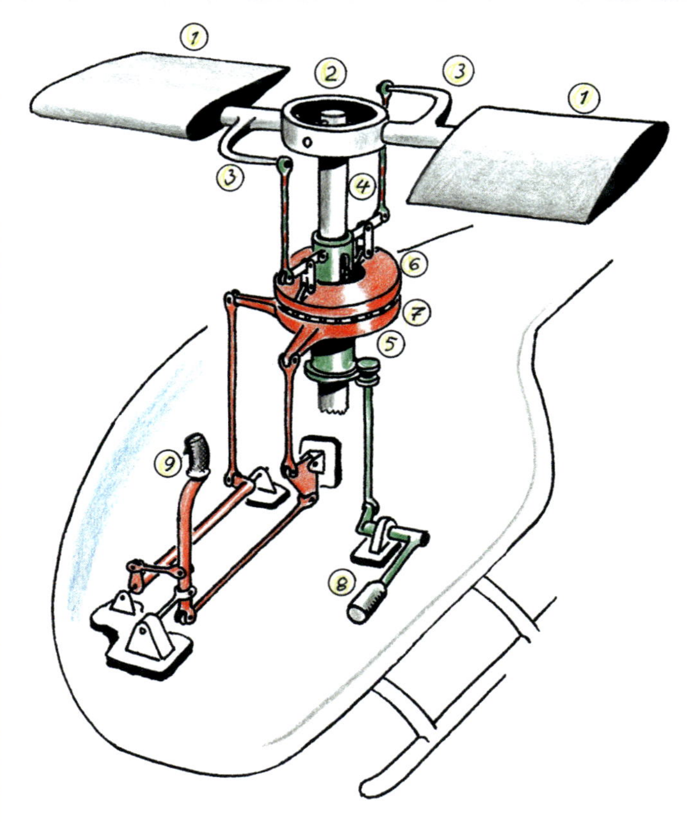

Abb. 25: **1 Rotor, 2 Rotorkopf, 3 Blattverstellhebel, 4 Stoßstangen, 5 feststehender Teil der Taumelscheibe, 6 drehender Teil der 7 Taumelscheibe, 8 Kollektivhebel, 9 Stick.**

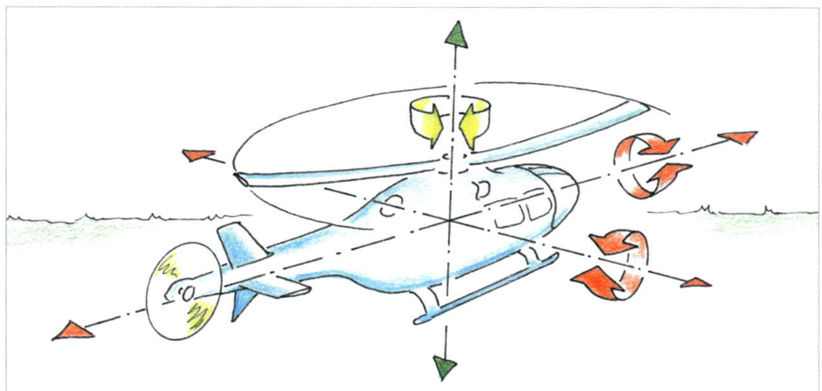

Abb. 26: **Der Hubschrauber ist nicht nur um drei Achsen manöverierbar, sondern auch entlang dieser zu verschieben. Das ermöglicht eine enorme Wendigkeit und Agilität.**

Die Kontrolle

Die Steuerungsanlage des Hubschraubers scheint sehr komplex. Zum besseren Verständnis zeigt man zunächst die einzelnen Komponenten und legt dabei besonderen Wert auf Vereinfachung. Der Hubschrauber lässt sich nicht nur um die drei Bewegungsachsen, sondern auch parallel zu ihnen steuern. Die Steuerung ermöglicht daher fast unbegrenzte Manöverkombinationen.

Die kollektive Blattverstellung, Nebenwirkungen [Abb. 27]

Um eine gleichmäßige Auftriebsveränderung auf der gesamten Rotorkreisfläche zu ermöglichen, müssen alle Rotorblätter um den gleichen Winkel verstellt werden. Die Bewegungen des kollektiven Blattverstellhebels (Pitch) werden z. B. durch das Steuergestänge über eine Schiebehülse an die Segmente an den Blättern übertragen, sodass sich diese in ihren Lagern am Rotorkopf drehen. Bei unterster Stellung des Pitch befinden sich die Blätter in kleinstem Einstellwinkel. Diese Position wird am Boden und im Autorotationsflug eingehalten. Wird z. B. ein Sinkflug beabsichtigt, wird zunächst der Pitch gesenkt. Ein- und Anstellwinkel sämtlicher Blätter werden verkleinert. Die resultierende Luftkraft wird geringer, die Tangentialkraft geht zurück. So entsteht ein Überschuss an Motorleistung, wodurch eine Motor- und Rotorüberdrehzahl entstehen kann. Für jeden Helikopter ist ein Betriebsdrehzahlbereich festgelegt. Dieser ist vom Rotordurchmesser, der

Abb. 27: **Mit Veränderung des Einstellwinkels beginnt die aerodynamische Wirkung der Rotors. Die kollektive Steuerung ist hier die Initiale zum Abheben.**

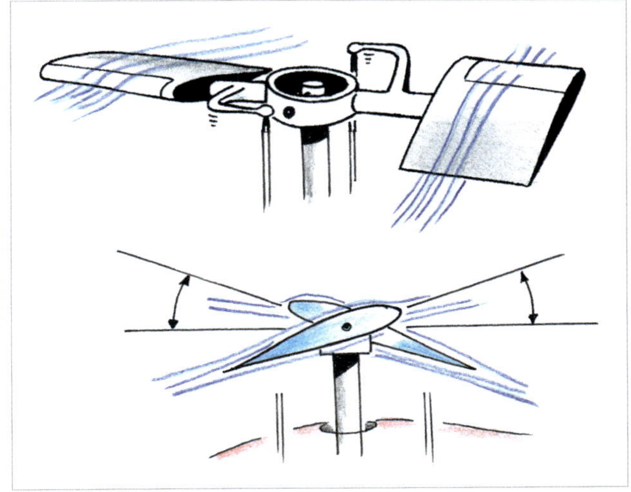

Abb. 28: **Die Drehzahl des Rotors ist festgelegt und darf sich weder zu niedrig noch zu hoch bewegen. Sie ist der wichtigste Parameter.**

Geometrie und der Beschaffenheit der Blätter abhängig. Zudem werden dabei die Triebwerksleistung und Höchstdrehzahl berücksichtigt sowie die Strömungsverhältnisse im Vorwärtsflug und auch die Steuerbarkeit.

Bei einer zu geringen Drehzahl besteht die Gefahr des Strömungsabreißens im Verein mit überzogenem Anstellwinkel und zu starker Biegebelastungen bei entsprechenden Rotorsystemen. Bei zu hoher Drehzahl gelangen die Blattspitzen in den hohen Unterschallbereich, wo der Widerstand beträchtlich ansteigt und eine gesunde Anströmung versagt. Außerdem kann das Triebwerk Überdrehzahl erreichen. Eine weitere Folge könnte eine Überbeanspruchung der Rotorkopf-Baugruppe sein, und zu starke Vibrationen führen gegebenenfalls beim Drehflügler zu enormen Defekten. [Abb. 28]

Periodische oder zyklische Blattverstellung [Abb. 30]

Soll der Hubschrauber mit links drehendem Rotor während des Schwebefluges seitwärts bewegt werden, so

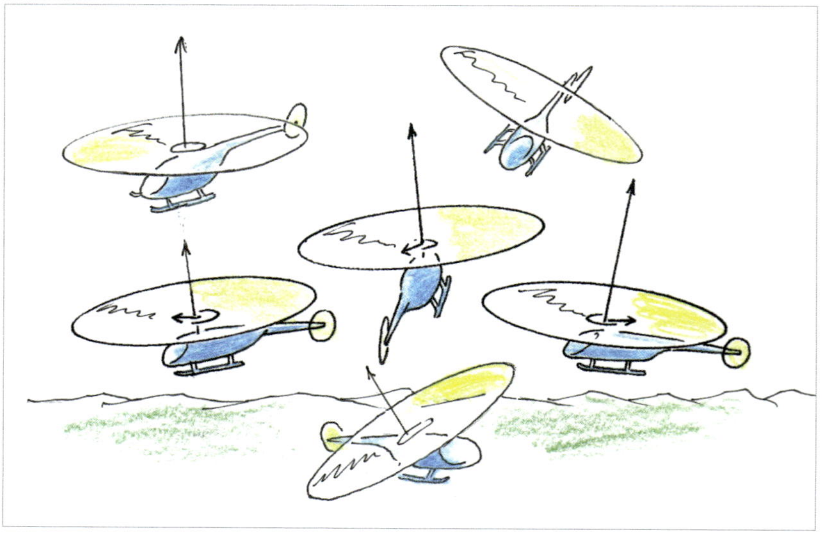

Abb. 29: **Die Neigung der Rotorkreisfläche bestimmt die Schwebe- oder überhaupt die Flugrichtung des Hubschraubers. Der Gesamtschub und die Fluglage ergeben die Vehemenz des Manövers.**

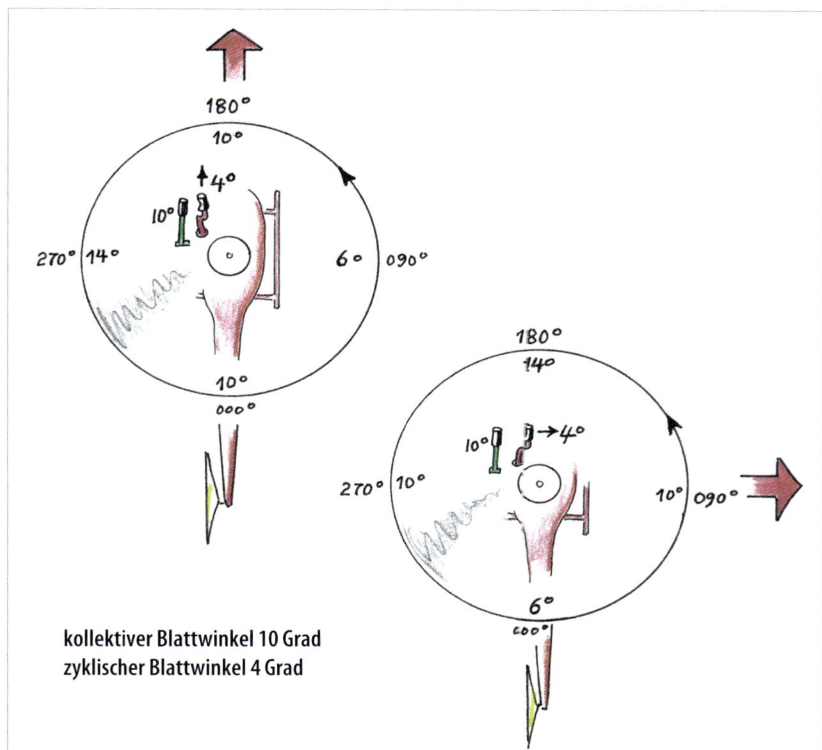

Abb. 30: **Hier sind der periodische und kollektive Blattwinkel dargestellt. Bei Veränderung des periodischen Impulses kippt die Rotorebene und leitet einen Vorwärtsflug ein oder einen rechts seitlichen Schwebeflug.**

muss sich die Rotorkreisfläche in die beabsichtigte Richtung neigen. Wird nach rechts seitwärts vorgesehen, bewegt man den Steuerknüppel (Stick) nach rechts.

Die Taumelscheibe, das Herzstück der Steuerung, beeinflusst die Rotorblätter derart, dass das nach links laufende Blatt mehr Auftrieb erhält, das nach rechts drehende weniger Auftrieb erzeugt (in Flugrichtung gesehen).

Dabei kippt die Rotorkreisfläche nach rechts und bewirkt eine seitliche Schubkomponente. Wenn man im Vorwärtsflug den Stick leicht nach rechts bewegt, leitet man damit eine Rechtskurve ein. Die Rotorkreisebene folgt also immer sinngleich der Stickbewegung. Erstaunlich sensibel reagiert diese Steuerkomponente und erfordert minimale Ausschläge.

Die Seitensteuerung

Neben dem Drehmomentausgleich dient der Heckrotor der Steuerung um die Hochachse. Soll sich der Hubschrauber z. B. nach links drehen, bedient man das linke Pedal.

Durch eine Hohlwelle hindurch wird der Einstellwinkel der Heckrotorblätter kollektiv verändert. Je nach Drehrichtung des Systems wird entsprechend mehr oder weniger Schub erforderlich. Dies gilt auch bei dem sogenannten Fenestron. Beim NOTAR-System wird die Austrittskaskade ent-

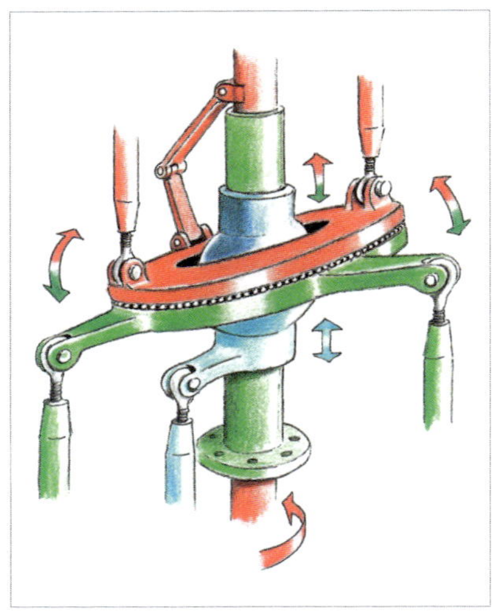

Abb. 31: **Die Taumelscheibe ist das Herzstück der Steuerung und überträgt die Steuereingaben von dem stehenden Teil auf den drehenden oberen Teil. Hier können sich zyklische und kollektive Steuerung überlagern.**

sprechend verstellt. Siehe Kapitel 4 „Drehmomentausgleich“.

Alle Steuereinheiten sind voneinander unabhängig und können sich auch jeweils überlagern. Für die Steuerung des Hubschraubers ist jedoch eine gegenseitige Beeinflussung dieser Komponenten typisch und erfordert – bekannt als Koppelungseffekte – erhöhte Aufmerksamkeit und angemessene Mehrfacharbeit. Wird z. B. der Pitch angehoben, muss man Leistung zuführen, das Drehmoment kompensieren und die Neigung der Rotorebene mit der periodischen Steuerung entsprechend der Flugbahn anpassen.

Bei manchen Hubschraubern ist der horizontale Stabilisator beweglich und funktioniert wie ein Höhenleitwerk des Starrflüglers. Zur Strömungsverbesserung dienen Vorflügel und „Stolperkanten“. Abhängig von der Durchströmung des Rotors und der Fahrtrichtung sowie im Schwebeflug ist auch die Höhenflosse automatisch verstellbar.

Zukünftig wird sich auch im Hubschrauber die „Fly by wire“-Technik durchsetzen. Somit werden Steuerbefehle elektronisch an die jeweiligen Aktuatoren übermittelt. Dadurch wird Mechanik und Gewicht eingespart.

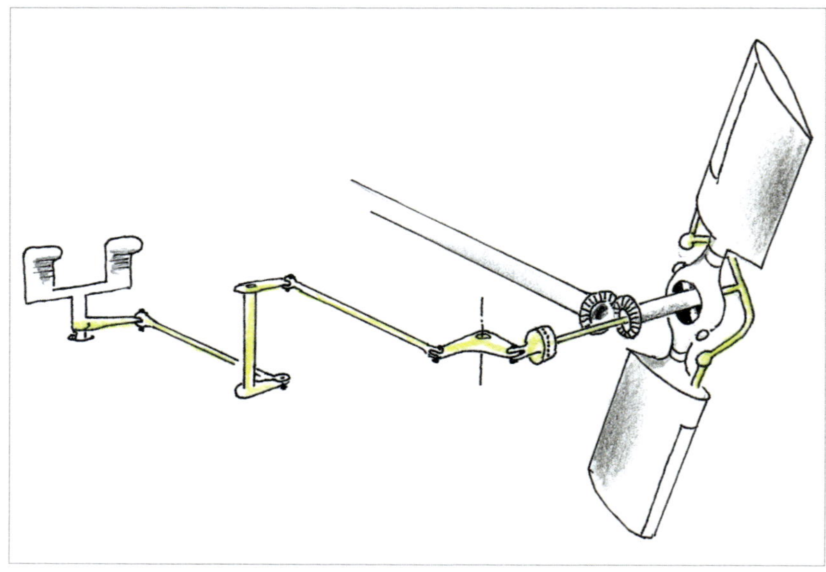

Abb. 32: **Die Steuerung des Heckrotors ist prinzipiell mit einem „Verstellpropeller“ zu vergleichen und funktioniert wie eine kollektive Veränderbarkeit. Bedient wird sie über die Pedale.**

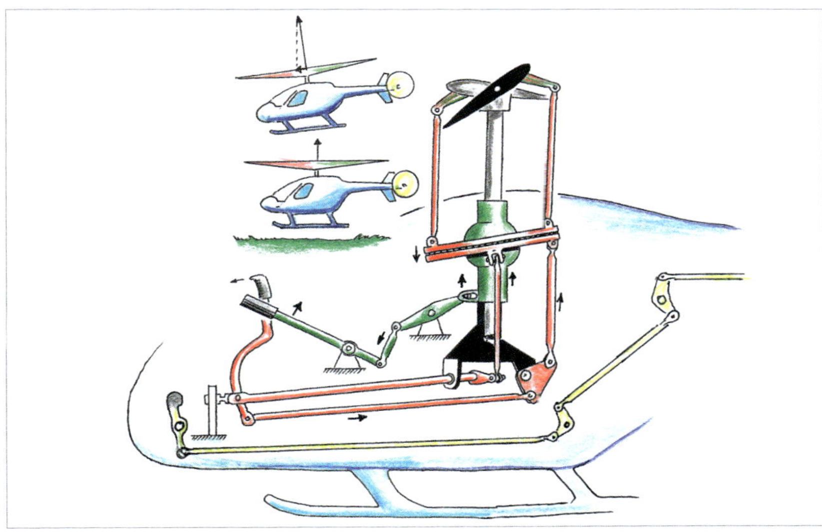

Abb. 33: **Gesamtdarstellung der kollektiven und der periodischen (zyklischen) Steuerung während des Abhebens, also Steigens, und des Aufholens von Vorwärtsfahrt.**

DIE NEIGUNG MACHT'S

Die Steuerung des Hubschraubers ist ein komplexes System, das alle Rotorblätter unabhängig voneinander verstellen lässt. Zur Vergrößerung oder Verkleinerung des Vertikalschubes der Rotorfläche – dem Gesamtauftrieb – dient der kollektive Blattverstellhebel, auch Pitch genannt. Zur Neigung der Rotorfläche werden die Rotorblätter in unterschiedlichen Winkeln mittels des periodischen Steuerknüppels, kurz als Pitch bezeichnet, verstellt. So kann die Position im Schwebeflug verändert, die Flugrichtung angesteuert und die jeweils erforderliche Fluglage kontrolliert werden. Gleichzeitig dient der verstellbare Heckrotor der Seitensteuerung. Somit ist der Hubschrauber um die Hoch-, Quer- und Längsachse steuerbar. Auch parallel entlang dieser Achsen ist die Steuerbarkeit möglich.

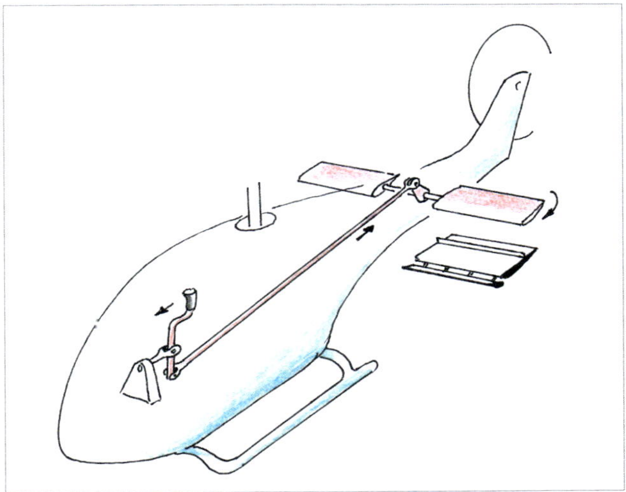

Abb. 34: **Einige horizontale „Stabilizer" sind beweglich und funktionieren wie ein Höhenruder. Manche werden im Rotorstrahl aufgerichtet. Zur Strömungsbeeinflussung dienen Vorflügel sowie auch „Stolperkanten".**

KAPITEL 3

Rund um den Rotor

Die Entwicklungsgeschichte des Hubschraubers hat viele Konstruktionsrichtungen durchlebt. Endlich haben sich typische Entwürfe, die sich auch für die Serienfertigung eignen, durchgesetzt. Die Historie der Rotoren selbst ist ein eigenes Kapitel, wobei der Hubschrauberrotor ein überwiegend horizontal drehender Propeller ist, der von der Taumelscheibe seine Steuerungsbefehle empfängt.

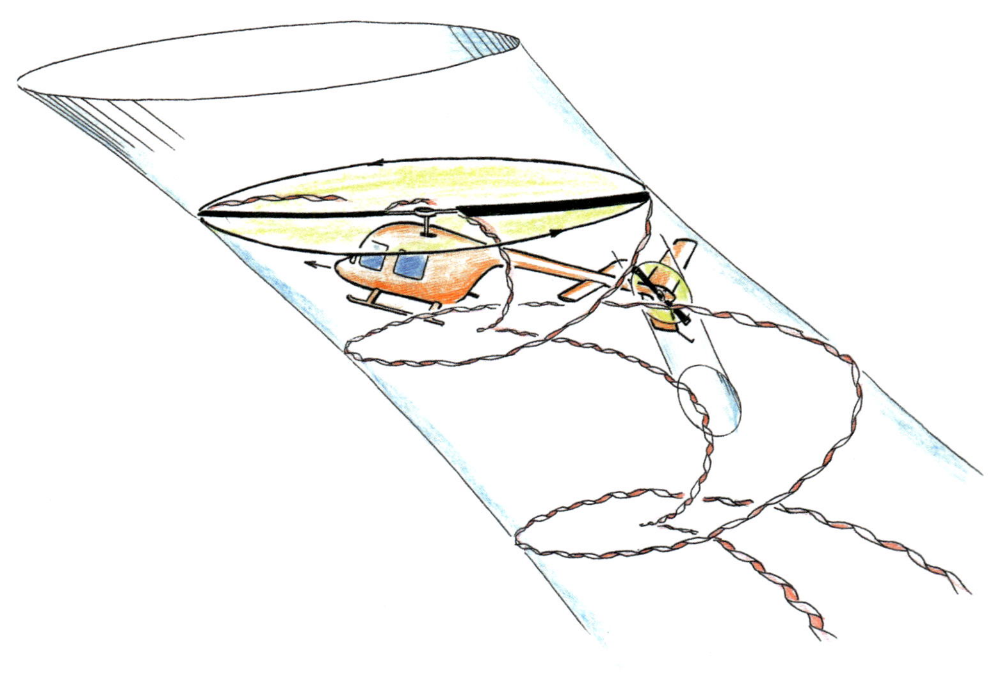

Abb. 35: **In der Erzeugung von verschiedenen Wirbelsystemen darf der Hubschrauber einzigartig sein.**

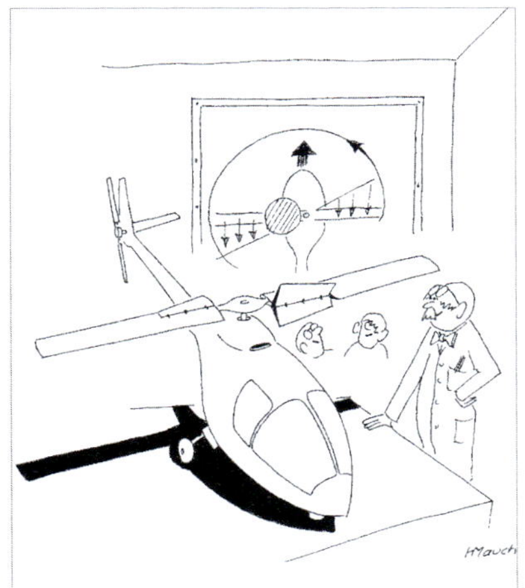

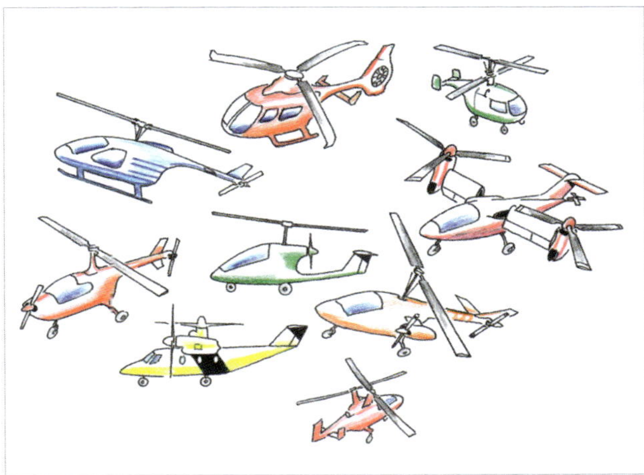

Abb. 36: **Oben links: Das Kuriosum des Antriebs des rücklaufenden Blattes durch Rückanströmung ist bisher nicht gelungen.**

Abb. 37: **Oben rechts: Über verschiedene Umwege kristallisierten sich manche Varianten von Drehflüglern heraus und erreichten Serienreife. Die aerodynamische Güte des Rotors ist nach wie vor mitentscheidend bei der Leistungsfähigkeit.**

Beim Entwurf eines Rotors spielen verschiedene Faktoren eine Rolle. Je nach Einsatzart oder Verwendungszweck werden Rotorkreisflächen mit unterschiedlicher Anzahl von Blättern „gefüllt". Das Spektrum reicht von einem (mit Gegengewicht) bis zu acht.

Zur Erzeugung eines bestimmten Schubes nimmt die aufzubringende Leistung mit größerem Durchmesser ab. Mit zunehmender Blattzahl nimmt die Rotorkreisflächendichte zu. Die „Völligkeit" eines Rotors bezeichnet das Verhältnis der Blattfläche zur Kreisfläche. Sie kann von 4 % bis 10 % schwanken. Zur Berechnung der Blattfläche selbst nimmt man ein „Ersatzblatt" zuhilfe, dessen Rechteckform bei 70 % des Halbmessers des wirklichen Blattes dieselbe Tiefe hat.

Schub, Leistung und Drehzahl

Die Blattlänge misst man vom Drehpunkt bis zur Spitze. Die Blattbelastung definiert sich aus dem Fluggewicht, verteilt auf die Blattfläche und angegeben in Kp pro Quadratmeter.

Je größer das Fluggewicht ist und umso kleiner der Rotor, desto höher muss die Drehzahl sein und/oder entsprechend mehr Rotorblätter müssen mehr Schub liefern.

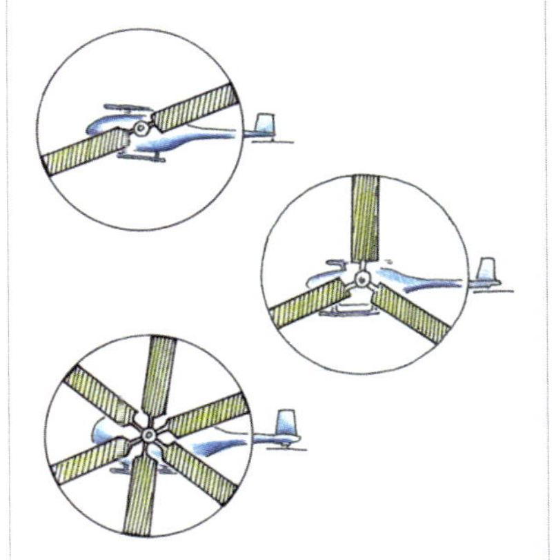

Abb. 38: **Bei der Konstruktion des Rotors sind die Anzahl der „Rotorflügel" von Belang, die Einzelblattbelastung und ihre Verteilung auf mehrere, was wiederum mehr Bauaufwand bedeutet. Dargestellt ist die „Blattdichte".**

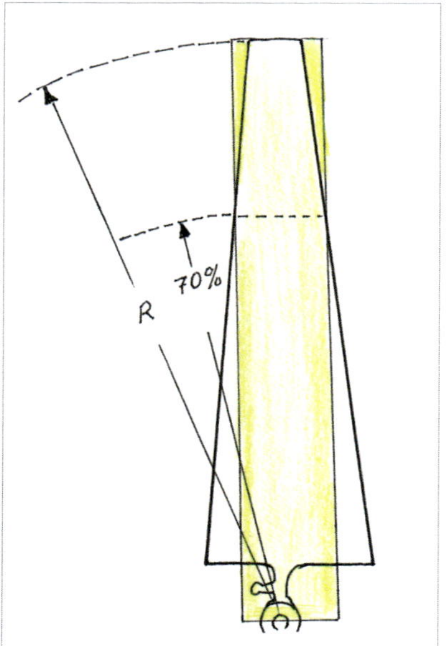

Abb. 39: Die Rotorblattfläche lässt sich mithilfe eines theoretischen „Hilfsblattes" darstellen, indem man die Tiefe des Blattes bei 70 % des Radius als Mittel und die Länge von Nabenmitte bis Blattende zugrunde legt.

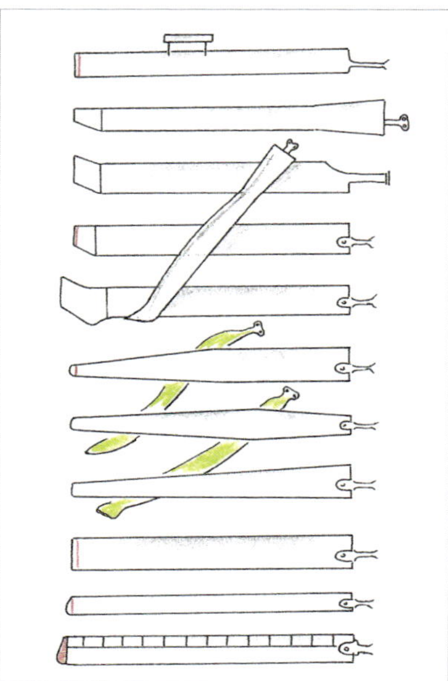

Abb. 40: Rechts: Die Suche nach der idealen Blattgeometrie ist immer noch variantenreich. Neben der Herstellungstechnik und den Kosten spielte auch die Anzahl eine Rolle. Verbundwerkstoffe ermöglichen Gewichtsersparnis, hohe Festigkeit und genügen aerodynamisch hohen Ansprüchen.

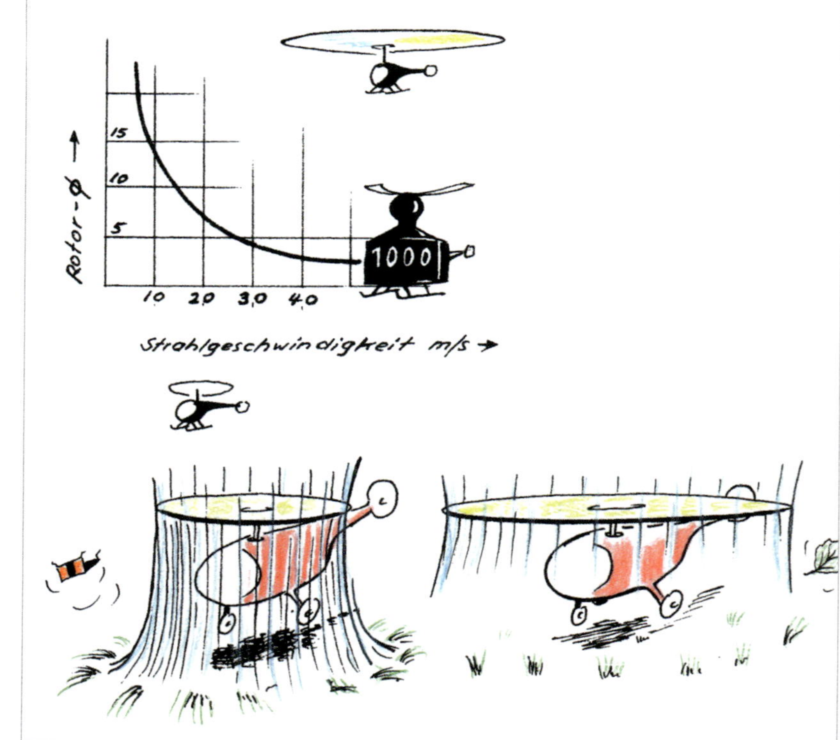

Abb. 41: Je höher das Gewicht und umso kleiner die Rotorkreisfläche sind, desto höher ist die Kreisflächenbelastung. Auch deutlich bemerkbar an der unterschiedlichen „Schärfe" des Rotorstrahls.

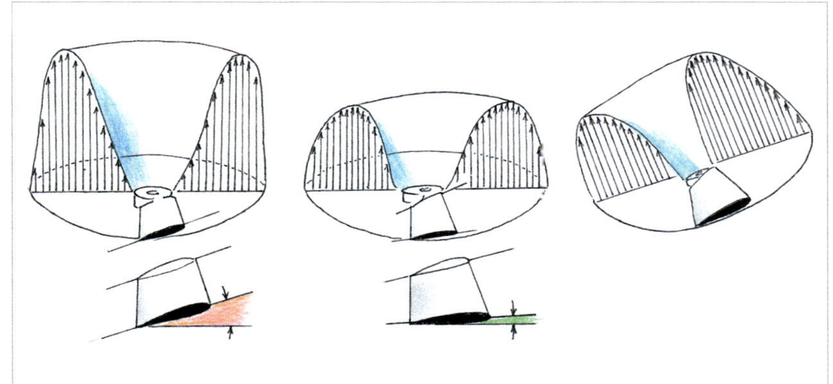

Abb. 42: **Ohne Blattschränkung verteilt sich der Auftrieb auf der Rotorkreisfläche zu stark nach außen. Durch hohe Umfangsgeschwindigkeit muss der Ein- und Anstellwinkel hier verkleinert sein.**

Mit größerem Durchmesser erreichen die Blattspitzen evtl. zu hohe Umfangsgeschwindigkeiten und müssen genügend Abstand zur Schallgeschwindigkeit halten. Bei sehr langen Blättern werden wiederum die Wurzelbereiche zu „langsam" und benötigen daher dort eine vergrößerte Profiltiefe oder man verlängert die Blattanschlüsse.

Wie im Starrflügler-Metier weist die Hubschrauberentwicklung unterschiedliche Drehflügel-Geometrien auf. Vom einfach herstellbaren Rechteckblatt über die aerodynamisch günstigste elliptische und auch geschwungene Form, die der Doppeltrapezform nachempfunden ist, bieten sich hauptsächlich Trapezgrundrisse an.

Mit Verwendung von Glasfaser und Kohlestofffaser sind der Formgebung scheinbar keine Grenzen gesetzt. Neben guter Belastbarkeit hinsichtlich Wechselbiegebelastung und Verdrehsteifigkeit sind lange Lebensdauer und überwiegende Wartungsfreiheit deutliche Vorteile, auch größere Reparaturfreundlichkeit.

Unsymmetrie des Auftriebs

Ähnlich der Verwindung einer Luftschraube weisen auch Rotorblätter eine Schränkung von mehreren Grad auf. Da die Umfangsgeschwindigkeit zu den Blattspitzen hin zunimmt, werden der Auftrieb und der Widerstand im äußeren Blattbereich wesentlich höher. Um zusätzliche Biegebelastungen in Grenzen zu halten, gibt man den Blättern zu den Enden hin negative Verwindung. Dadurch wird der Auftrieb etwas gleichmäßiger auf die Rotorkreisfläche verteilt. Wichtig ist die Abnahme des effektiven Anstellwinkels Richtung Blattenden.

Bei der Schränkung gibt es unterschiedliche Möglichkeiten. Bei der geometrischen Verwindung bleibt einfachheitshalber der Blattquerschnitt auf der gesamten Blattlänge gleich, während er sich bei der aerodynamischen Profilform ändert.

Induzierter Widerstand

Dieser entsteht durch Druckausgleich zwischen Überdruck auf der Rotorblattunterseite und Unterdruck auf der Oberseite. Der hufeisenförmige Wirbel

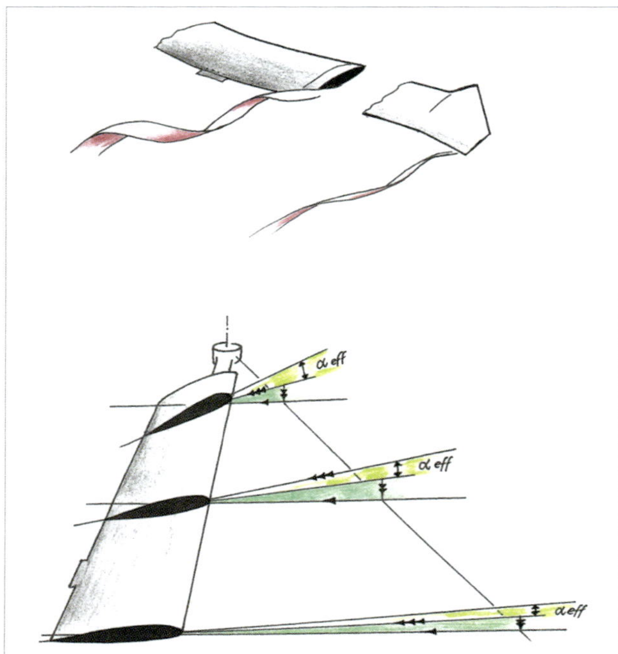

Abb. 43: **An den Blattenden findet ein Druckausgleich mit Wirbel statt, den man durch Schränkung und Verjüngung der Profiltiefe verringert. Auch die Nähe zum hohen Unterschallbereich erfordert entsprechende Formgebung.**

Abb. 44: **Darstellung der Strahltheorie im Schwebeflugzustand. Beim Durchfluss der Luftmasse durch den Rotorkreis nimmt die Geschwindigkeit zu und weit darunter den Wert Null an. Beim Passieren der Rotorebene nimmt der Druck zu.**

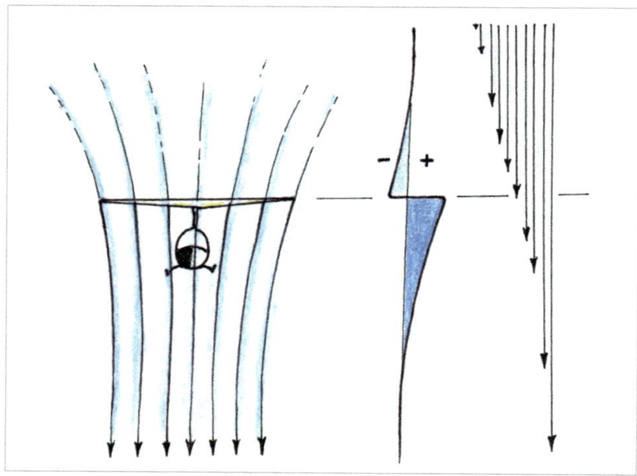

wird durch die Strömung nach hinten unten abgelenkt und dreht nach innen oben ein. Der induzierte Widerstand nimmt mit Vergrößerung des Anstellwinkels zu. Die Wirbelzöpfe sind u.U. bei hoher Luftfeuchte durch Kondensation sichtbar. Der Widerstand entsteht an den Blattwurzeln, jedoch hauptsächlich an den Blattenden.

Während des Schwebefluges ist in einem größeren Abstand über der Rotorkreisfläche die Geschwindigkeit der zufließenden Luft gering bis Null. In Richtung Rotor wird der Strahl beschleunigt und erreicht in bestimmter Entfernung unter der Drehebene seine höchste Geschwindigkeit. Über der Rotorebene sinkt der Druck unter den Umgebungsdruck, wodurch beim Durchfluss ein Drucksprung stattfindet und unterhalb der Ebene der Druck steigt. Die Strahlgeschwindigkeit ist das Mittel aus der Geschwindigkeit weit über und unter der Drehebene. Neben dem dargestellten Rotorstrahl ohne Bodeneinfluss sind der Druckverlauf sowie die Strahlgeschwindigkeit dimensionslos abgebildet.

Die **Strahltheorie** besagt, dass man beim Rotor eine luftdurchlässige Scheibe annimmt, die eine Luftmasse von oben nach unten beschleunigt. Je größer die Kreisfläche, desto mehr Luftmasse kann erfasst werden. Von der Rotorkreisflächenbelastung hängen die Blattbelastung ab und die Strahlgeschwindigkeit. Der Zusammenhang von Rotordurchmesser, Gewicht und Strahlgeschwindigkeit ist in [Abb. 44] dargestellt. Man kann auch die „Schärfe" eines Rotorstrahls bei unterschied-

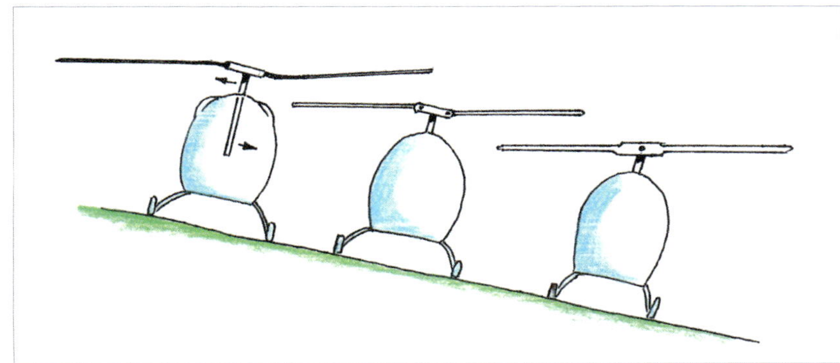

Abb. 45: **Der Rotor muss eine bestimmte Flexibilität aufweisen, die auch ein Absetzen auf schiefen Ebenen zulässt. Es kann im Extremfall zu Mastquetschungen kommen oder zum „Umkippen".**

lichen Helikoptermustern während des Schwebefluges beobachten. Das sogenannte „Mast-Bumping" kann bei extremen Schlagwinkeln zwischen Rotormast und Rotordrehebene hauptsächlich bei Zweiblattrotoren auftreten. Die Belastung über die statischen Anschläge hinaus kann zu Mastknick und Quetschungen führen. Dies wird begünstigt durch erratisches Einleiten einer Autorotation bei zu geringer Drehzahl, bei extremen Bewegungen besonders um Längs- und Querachse, bei zu vehementen Fluglageänderungen mit wenig positiver Beschleunigung entlang der Rotorachse sowie während zu steiler Hanglandungen.

Gelenkiges und ähnliche Bewegungsfreiheiten

Obwohl sich aufgrund des technischen Fortschritts und der Entwicklung von hochfesten und flexiblen Kunststoffen die Rotorsysteme merklich vereinfachen ließen, sollen dennoch zum besseren Verständnis die Prinzipien der Rotoreigenschaften beleuchtet werden.

Durch den ständig wechselnden Auftriebsunterschied an den Drehflügeln werden diese sowie der Rotorkopf starken Wechselbiegebelastungen ausgesetzt, die durch verschiedene Maßnahmen abgeleitet werden können. Das Rotorsystem gewinnt dadurch eine gewisse Bewegungsfreiheit, durch die eine mechanische Zerstörung vermieden wird. Zu diesem Zweck wird bei einigen Hubschraubern der Rotor mit Schlaggelenken ausgestattet oder der Drehflügel als sogenannter Schaukelrotor ausgelegt.

Abb. 46: **Hier ist der typische kardanische Rotorkopf dargestellt. Der Blattgriff schließt mit Schlag- und Schwenkgelenk an der Rotornabe an.**

Während des Horizontalflugzustandes ergibt sich aufgrund der Auftriebsunsymmetrie ein wechselndes Auftriebs-Widerstandsverhältnis. In diesem Zustand treten infolge der Schlagbewegungen Beschleunigungskräfte auf, da mit einem Schlagen eine

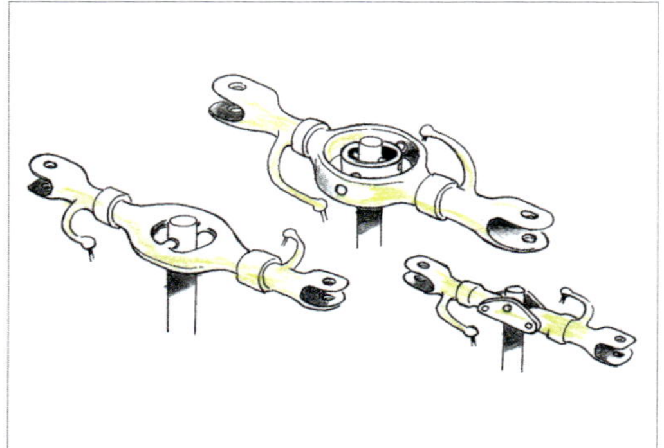

Abb. 47: Zweiblattrotoren mit einem gemeinsamen Schlaggelenk sowie mit einem Kardanring. Zudem können außerhalb des zentralen Gelenks auch zusätzliche Schlaggelenke eingesetzt sein.

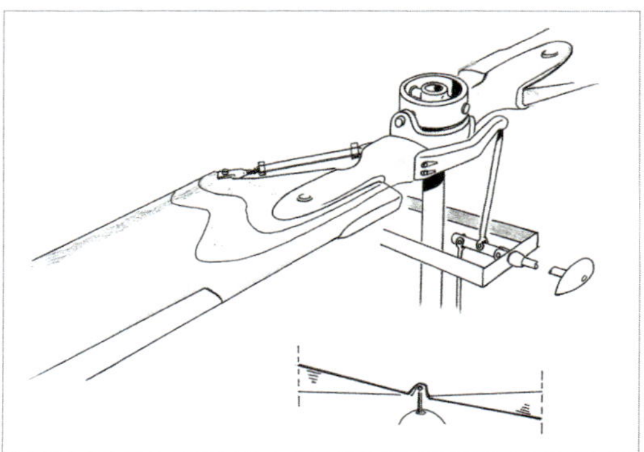

Abb. 48: Zweiblattrotor mit Kardanring und Übertragung der Steuereingaben über die dämpfende Wirkung des Stabilisator-Kreisels. Dieser soll die Steuerungsmöglichkeit nicht überlagern, er hat also nur deutliches „Mitspracherecht".

Abb. 49: Der Pirouetteneffekt ist vom Schlittschuhlauf her bekannt. Den Gleichen erfährt der Rotor, sobald die Blätter durch Schlagen verkürzen und durch den Drehimpuls beschleunigen oder verlangsamen.

Abb. 50: Ein abgesetzter Blatthebel kann den Einstellwinkel beim Schlagen des Blattes beeinflussen. Ein auf der Schlaggelenkachse wirkender Blatthebelanschluss ist ohne Einfluss auf diesen.

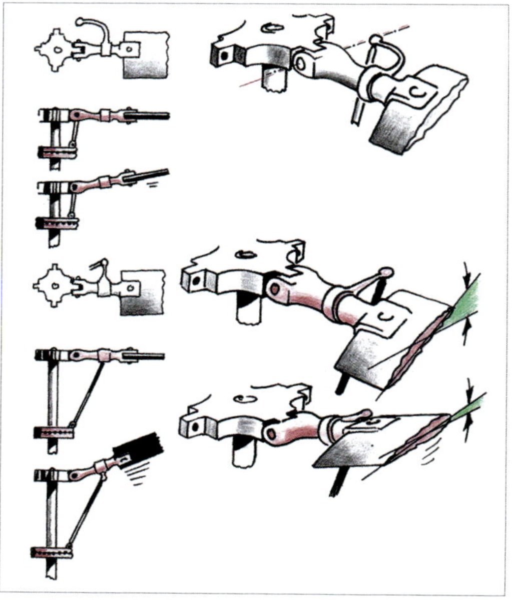

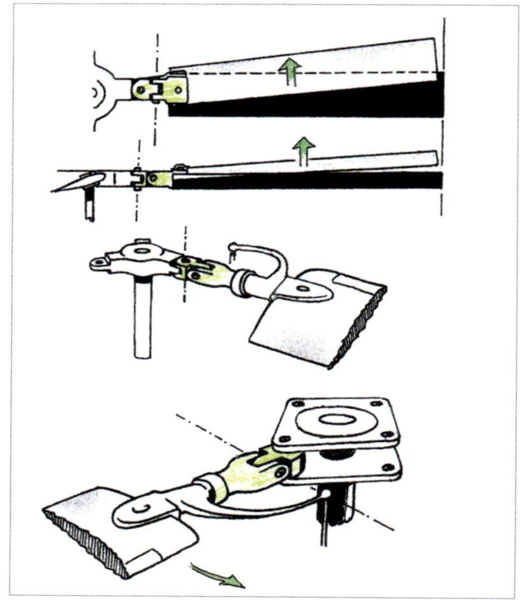

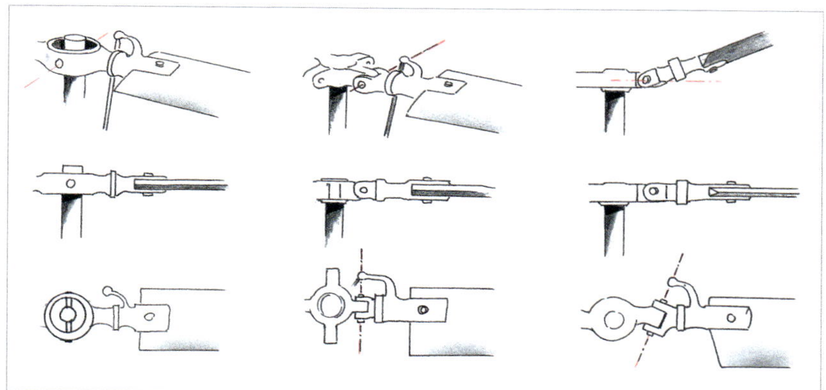

Abb. 52: **Vergleich der unterschiedlichen Anschlüsse der Blatthebel mit und ohne Schrägstellung der Achse.**

Verkürzung des Abstandes des Rotorblattes zu seiner Rotorachse herbeigeführt wird.

Eine durch diesen „Pirouetteneffekt“ bekannte Erscheinung wird Corioliskraft genannt. Sie überlagert die am Blatt auftretenden Luftkräfte. Die entlang der Drehachse auftretenden Tendenzen werden durch die Schwenkgelenke aufgenommen. Die Verkürzung des Abstandes zur Drehachse bewirkt durch Erhaltung des Impulses eine Beschleunigung, Vergrößerung eine Verlangsamung. Ähnliches kann man beim Schlittschuhlauf beobachten. [Abb. 49]

Schlaggelenke werden hauptsächlich bei Rotoren mit mehreren Blättern verwendet, da hier die Eigenschaften des Rotors mit einem gemeinsamen Schlaggelenk nicht ausreichen würden. Die Konsequenz: Wenn die Blätter

Abb. 51: **S. 32 unten rechts: Das aufwärts schlagende Rotorblatt wird dadurch beschleunigt, es schwenkt hier vorwärts durch die eintretende Corioliskraft. Der Anschluss des Blattverstellhebels in Verlängerung der Schlag- und Schwenkgelenke ist dabei berücksichtigt.**

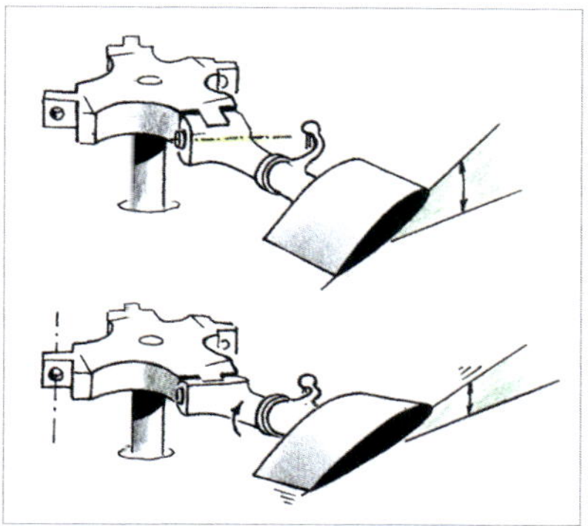

Abb. 53: **Der Einstellwinkel verändert sich deutlich beim Schlagen des Blattes und Eintritt des Delta-Drei-Effekts durch Schrägstellung der Schlagachse. Somit Blattwinkel-Rücksteuerung.**

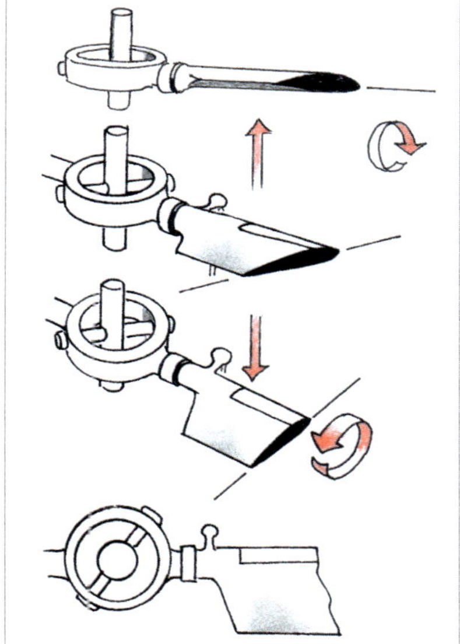

Abb. 54: **Schräggestellte Schlagachse, wodurch beim Schlagen des Blattes der sogenannte Blattwinkel-Rücksteuerungseffekt eingeleitet wird, sobald eine nicht rotationssymmetrische Anströmung eintritt.**

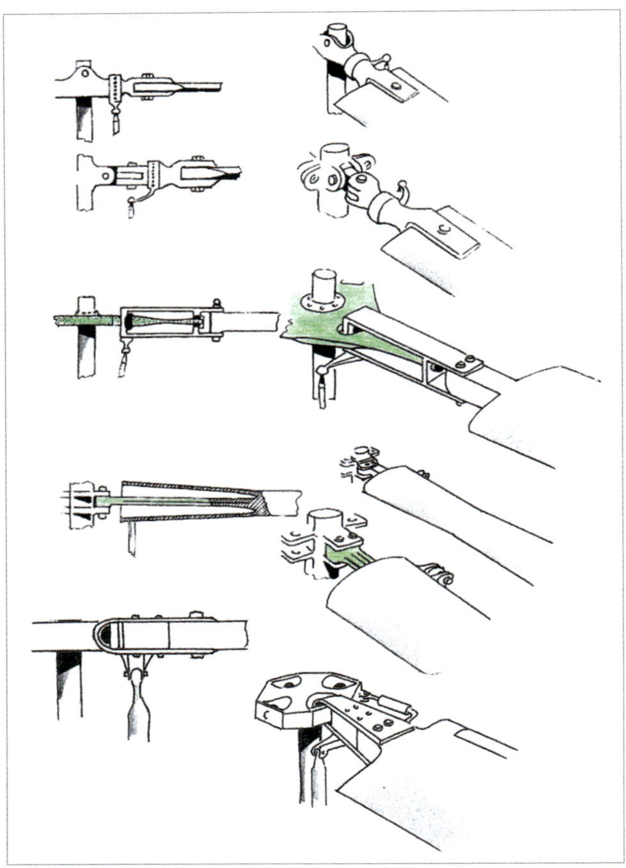

Abb. 55: **„Ahnenreihe" der Rotoranschlüsse. Der Schaukelrotor hat Schlagbewegungen ermöglicht. Der Kardanrotor ließ Schwenkbewegungen zu. Der Starflexrotor wurde durch einen Kunststoffstern flexibel. Der Kunststoffbarren ermöglicht volle Bewegungsfreiheit an der Blattwurzel. Der Spheriflex-Rotor hängt mit seinen Quasigelenken in einem Titanring.**

eines mehrblätterigen Rotors schlagen, müssen sie auch schwenken können. Der gelenkige Rotor (articulated rotor) verfügt also über Schlaggelenke (flapping hinges) und über Schwenkgelenke (drag hinges). Die Abbildung 50 beispielsweise zeigt Schlag- und Schwenkbewegungen sowie dadurch verursachte Verkürzung der Blätter.

Die Schlagbewegung der Blätter kann durch verschiedene Mechanismen begrenzt und gelenkt werden. So kann z. B. durch einen abgesetzten Blatthebel eine Blattwinkelrücksteuerung eingeleitet werden. In der Dar-

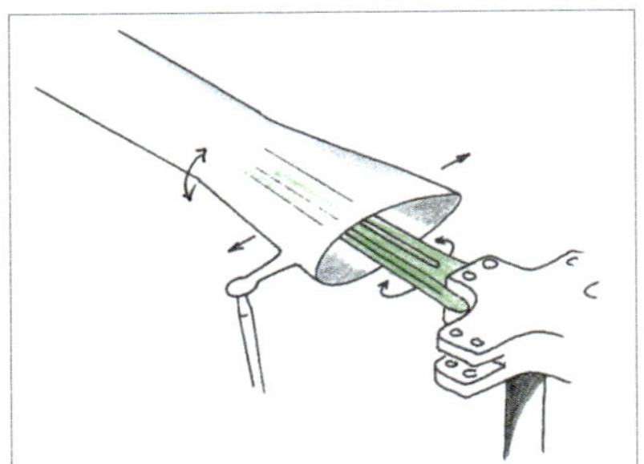

Abb. 56: **Der Kunststoffbarren mündet in eine „Tüte" und geht innerhalb dieser in das Blatt über. Der Anschluss des Verstellhebels sitzt außerhalb an dem „Ärmel". Die Dämpfer innerhalb des Tütenrandes sind nicht dargestellt.**

stellung ist auf das Schwenkgelenk verzichtet. Diese kardanischen Blattaufhängungen werden seit geraumer Zeit durch Kunststoffelemente in den Blattwurzeln ersetzt. Selbst die Drehgelenke der Blätter werden durch Elastizität dieser Elemente an Kunststoff-Rotorblättern überflüssig.

Die Blattwinkel-Rücksteuerung kann auch durch ein Delta-Drei-Gelenk bewirkt werden. Hierbei ist die Schlagachse nicht im rechten Winkel zur Blattdrehachse ausgerichtet, sodass das Blatt während seiner Schlagbewegung den Einstellwinkel entsprechend verändert. Kollektive und periodische Steuerausschläge sowie Schlagbewegungen überlagern sich gegenseitig.

Das neueste Technologieprinzip weist keine Gelenke mehr auf. Die einzelnen Rotorblätter werden durch elastische Verformung der Kunststoff-Blattwurzel verstellt. Rotormast und Nabe sind aus einem Stück hergestellt. Im Blattkern befindet sich ein Drillelement. Auch Heckrotoren wurden schon in „weicher" Ausführung ver-

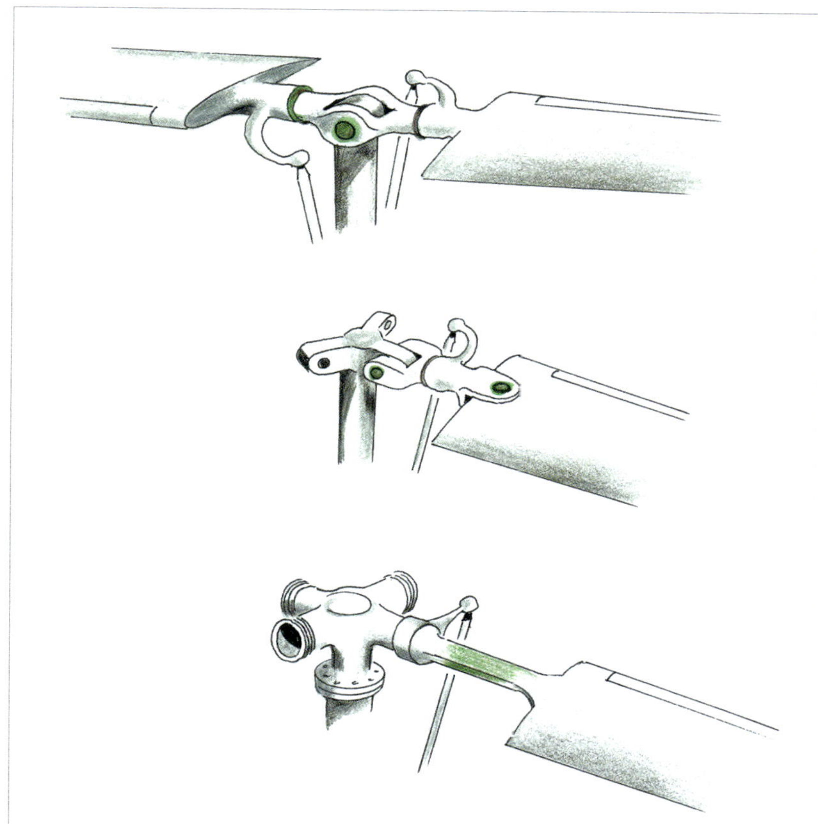

Abb. 57: **Grobe Skizzierung der drei Gelenkversionen, die untere mit ihrem Quasigelenk.**

Abb. 58: **Stabilisatoren mittels Kreiselwirkung und gleichzeitiger aerodynamischer Steuerung der Rotorkreisfläche. Oben System BELL, unten System Hiller.**

wendet. Die Quasi- Dreh-, Schlag- und Schwenkgelenke befinden sich im Blattwurzelbereich. Über eine „Tüte“, die in einem bestimmten Abstand mit dem Rotorblatt zusammengeführt ist, wird der Blattwinkel verstellt.

Die verschiedenen stabilisierenden Einrichtungen von Bell und Hiller
Aufgrund der Kreiselwirkung und der herbeigeführten „weichen“ Stabilität der Stangengewichte sowie der aerodynamisch steuernden Paddel verfügen diese über eine Einwirkung auf die harrsche Fluglageänderung. Die Steuerung überlagert diese und wird überwiegend gedämpft.

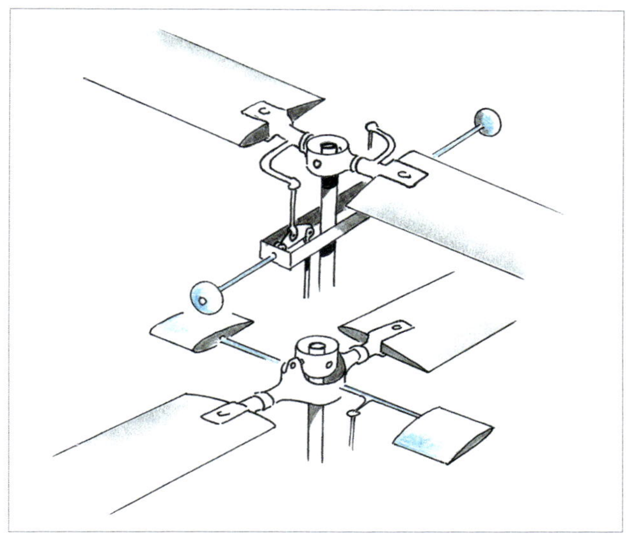

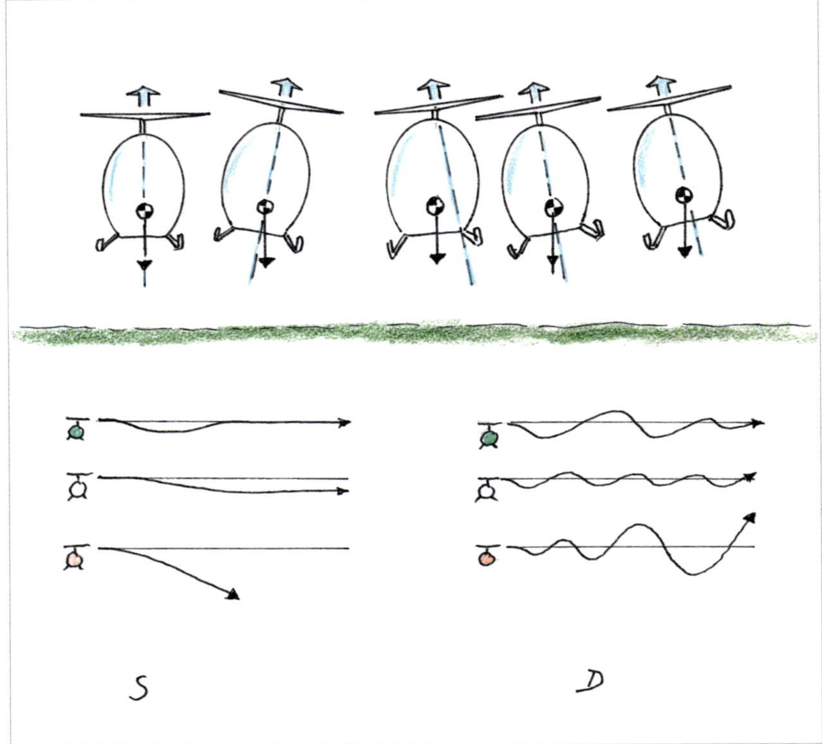

Abb. 59: **Das Stabilitätsverhalten des Hubschraubers zeigt unterschiedliche Formen. Obere Reihe zeigt statische und dynamische Stabilität – also nach Störung Rückkehr in Sollfluglage. Die mittlere Reihe stellt indifferenten Modus mit Beibehaltung der Ablage dar und die untere Reihe demonstriert statische und dynamische Instabilität.**

Solange sich Schubachse und Schwerpunkt nicht in einer Linie befinden, kann sich der Hubschrauber zunehmend „aufschaukeln". Die statische Stabilität ist mehr gewichtsabhängig. Die dynamische Stabilität ist mit Schwingungen verbunden und nimmt bei Destabilität deutlich wachsende Abweichungen von der Sollfluglage ein.

Schwingungen können verschiedene Quellen haben. Unterschiedliche Blattgewichte, Verschiebung der Blattschwerpunkte führen zu Massenunwucht. Zu große Einstellwinkelunterschiede mit verschiedenem Blattspurlauf, ungleichmäßige Schlag- und Schwenkbewegungen, Torsionsschwingungen durch Differenzen zwischen aerodynamischem Druckpunkt und Schwerpunkt des Profils. Bodenresonanz entsteht durch Landung auf verschiedenen Medien wie auf Gras und gleichzeitig Beton. Auch durch nicht ausgerichtete Blätter auf der Drehebene enstehen Schwingungen.

Das Schwingungsgebaren des Hubschraubers konnte durch hochtechnologische Fertigung der Haupt-und Heckrotorblätter auf ein sehr gut verträgliches Belastungsniveau gemildert werden. Blattaufhängung, Quasi-Gelenke mit Veränderung und Dämpfung verlaufen ohne mechanische Reibung. Piezoelektrische Ansteuerung wird künftig Vibrationen mindern.

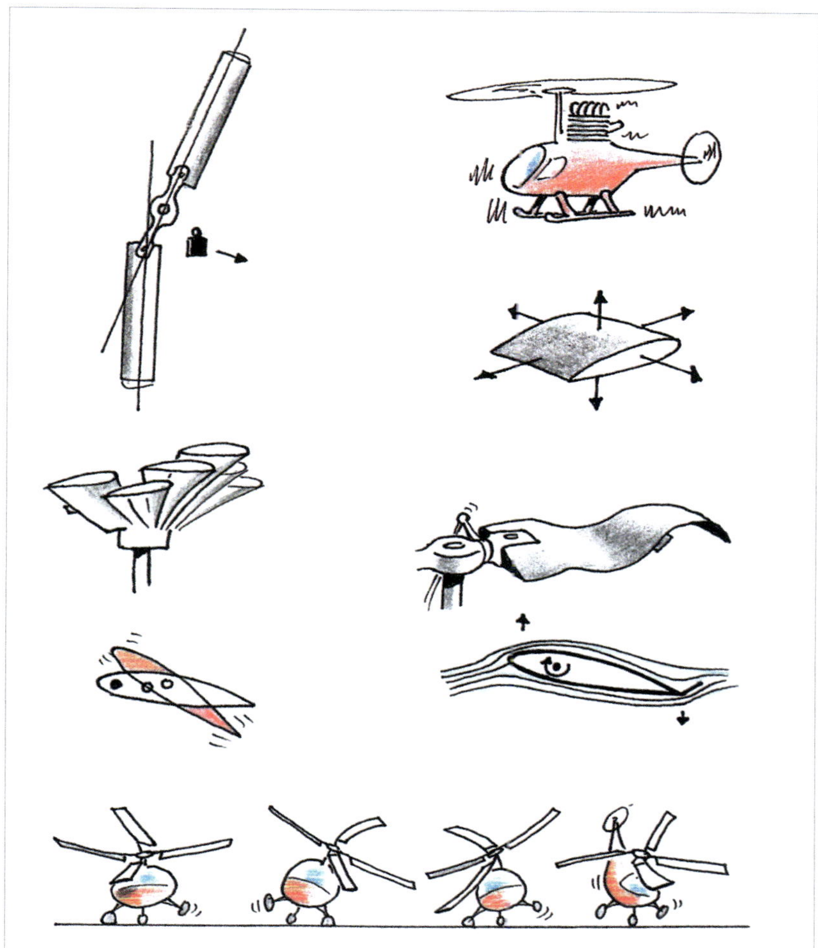

Abb. 60: **Verschiedene Erscheinungsformen von Schwingungen des Hubschraubers.**

RUND UM DEN ROTOR

Die tragende Fläche des Hubschraubers besteht aus einem Rotor oder aus Tandemrotoren. Der Einzelrotor kann je nach Zellengröße aus entsprechender Anzahl von bis zu acht Blättern bestehen. Auch hängt davon die Blattbelastung ab. Das koaxiale Rotorsystem mit den auf einer gemeinsamen Achse arbeitenden Drehebenen gleicht das Drehmoment aus und benötigt weniger Raum. Tandemrotoren erfordern wesentlich größere Baulängen des Rumpfes für genügend Abstand der „inline" operierenden Kreisflächen. Das System „Flettner" mit den ineinanderkämmenden Rotoren gleicht durch die eng und und seitlich auseinander stehenden Achsen ebenfalls das Drehmoment aus.

KAPITEL 4

Der Drehmomentausgleich

Bekanntlich löst jede Aktion auch eine Reaktion aus, so auch beim Rotor. Sofern das antreibende Element am Boden arretiert ist – z. B. wie bei einem Ventilator – kann sich die Drehzahl voll entfalten. Sobald sich jedoch Antrieb und Rotor frei in der Luft befinden, entwickeln beide ein gegenläufiges Eigenleben. Diesen Vorgang hat man bereits vor langer Zeit an einem Spielzeug etwas bändigen können, im Maßstab 1:1 zeigte sich aber das Problem in weit größerem Ausmaß. Mit gegenläufigen Rotoren wurde das Drehmoment weitgehend kontrolliert.

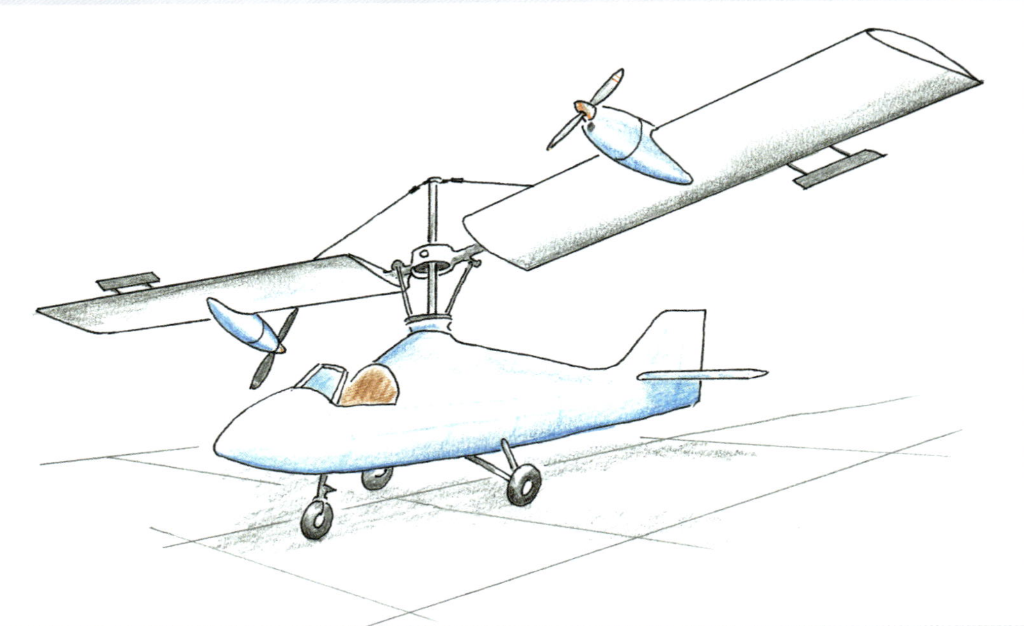

Abb. 61: **Auch auf diese Art wollte man das Drehmoment ausgleichen, was jedoch wegen der kolossalen Massen- und Kreiselkräfte misslang.**

Wenn die Rotorblätter in ihrer vorbestimmten Richtung rotieren, versucht der Rumpf des Hubschraubers, in die entgegengesetzte Richtung wegzudrehen. Diese Reaktion wird als Drehmoment bezeichnet. Wenn das Triebwerk die Masse des Rotors in Drehung halten soll, entsteht eine gleich große Gegenkraft. Diese Erscheinung wird auf verschiedene Art kompensiert.

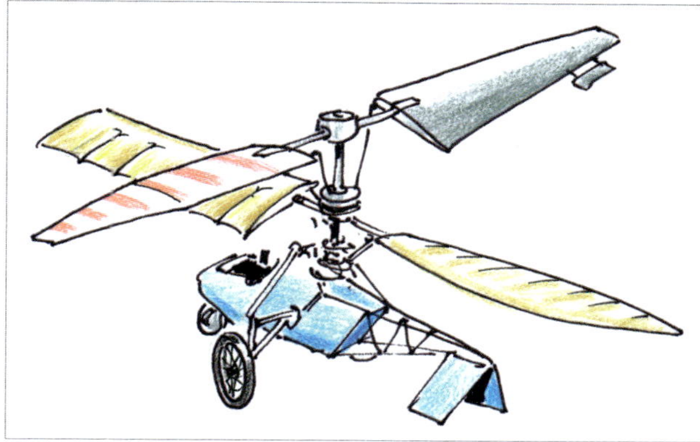

Kampf gegen das Drehmoment

Unter den dargestellten Prinzipien des Drehmomentausgleichs fanden schon bei den ersten Entwürfen gegenläufige Rotoren Anwendung, bevor sich bei einigen Mustern ein kleinerer Rotor, der an einem wirksamen Hebelarm einen horizontalen Schub entwickelt, durchsetzte. Diese Kraft muss bei veränderter Motor- und Rotorleistung variabel sein. Deshalb funktioniert der Heckrotor wie ein Verstellpropeller.

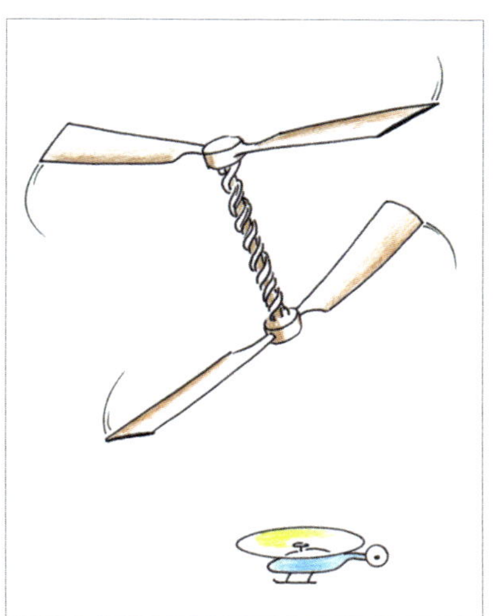

Hier erfolgt allerdings die „Prop-Verstellung" über die Pedale wie beim „Fixed wing" entsprechend sinngleich. Der Kraftaufwand des Heckrotors entspricht etwa einem Viertel bis zu einem Drittel der Gesamtleistung. Zum Vergleich: Es ist, als würde bei einem Leichthubschrauber ein Motorsegler für den Drehmomentausgleich in Drehrichtung des Hauptrotors am Schwanzende schieben.

Wenn man an den Blattenden Schubdüsen anbringt, aus denen Verbrennungsgase oder Pressluft ausströmen, dreht sich der Rotor, ohne ein Gegenmoment (nur einen Mitnahmetrend) zu erzeugen, das wird Reaktionsantrieb genannt. Neben der

Abb. 62: Vor Beherrschung der Steuerung musste das Drehmoment kontrolliert werden.

Abb. 63: Links unten: Einer der ersten Versuche, das Gegendrehen der Rotoren zu unterbinden. Die Flugrichtung war noch eher zufällig.

Abb. 64: Antrieb und der bewegte Teil verändern sich in entgegengesetzter Richtung.

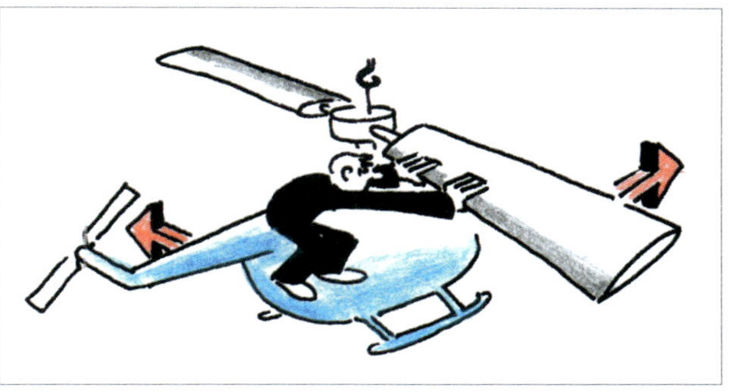

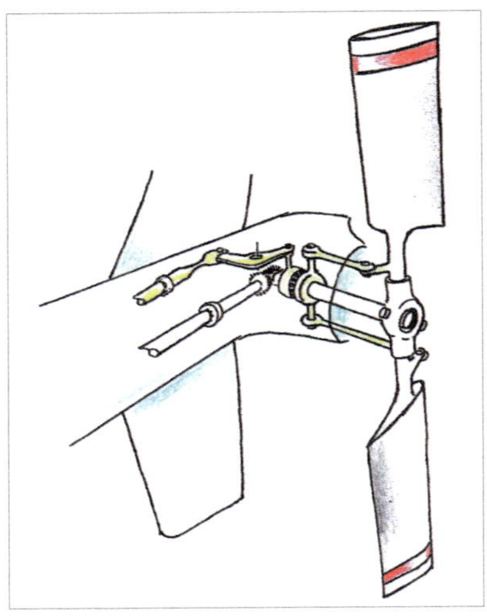

Abb. 67: **Der Heckrotor funktioniert wie eine Propellerverstellung – nämlich kollektiv. Er wird über die Pedale gesteuert.**

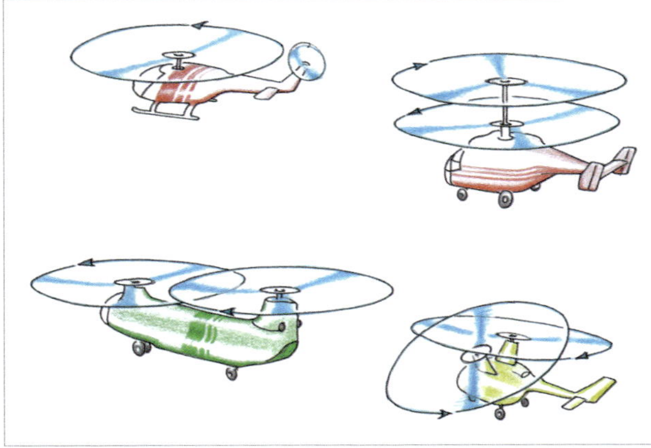

Abb. 65: **Ganz oben: Der Reaktionsantrieb schien kurz in Mode zu kommen. Die drehmomentfreie Lösung scheiterte jedoch am Lärmproblem und am hohen Kraftstoffverbrauch.**

Abb. 66: **Der Wellenantrieb setzte sich selbst bei den unterschiedlichsten Mustern durch.**

Tandemanordnung und koaxialer Konstruktion hat sich mehrheitlich der Wellenantrieb mit Ausgleichsrotor am Heck durchgesetzt.

[Abb. 68] Von der Platzierung des Heckrotors hängt dessen Strömungsbild und Leistung ab. Bei einem „ziehenden" Heckrotor (*1* und *3*) trifft höhere Strömungsgeschwindigkeit auf das Auslegerende, was größeren Widerstand bringt. Der Strahl des „schiebenden" Heckrotors (*2* und *4*) fließt frei und widerstandsärmer ab.

Momente des Heckrotors und ihre Wirkung [Abb. 69]

Der Heckrotor soll über einen möglichst langen Hebelarm wirken. Dadurch wird Leistung gespart und auch die Steuerung wirksamer. Die Rumpfkontur ist deshalb so gestaltet, dass ihr Ende über die Rotorkreisfläche hinausragt, um dem Heckrotor Bewegungsfreiheit zu gewähren. Oft ist das Auslegerende nach oben abgewinkelt, um in extremen Fluglagen dem Heckrotor Bodenfreiheit zu sichern.

Diese Form hat auch einen weiteren wichtigen Grund: Im Flug erzeugt der Heckrotor einen horizontalen Schub *1*, der das Drehmoment *2* kompensiert. Die Drehachse dieser Bewegung ist die Hochachse, in unserem Fall der Rotormast. Da der Hubschrauber „beweglich" aufgehängt ist, kann der Rumpf am Rotorkopf sozusagen pendeln. Greift der Schub des

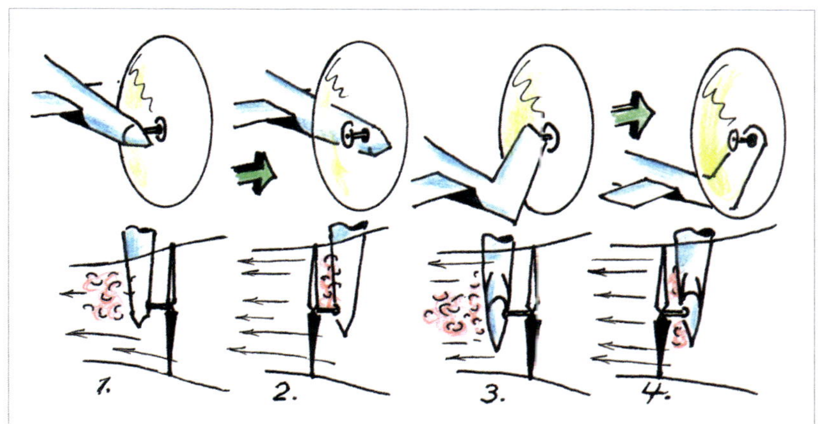

Abb. 68: **Die Position des Heckrotors kann ziehend oder schiebend sein. Die Blasrichtung des Rotors kann frei oder durch Profilkörper gestört sein. Im Vorwärtsflug ändern sich die Anströmverhältnisse.**

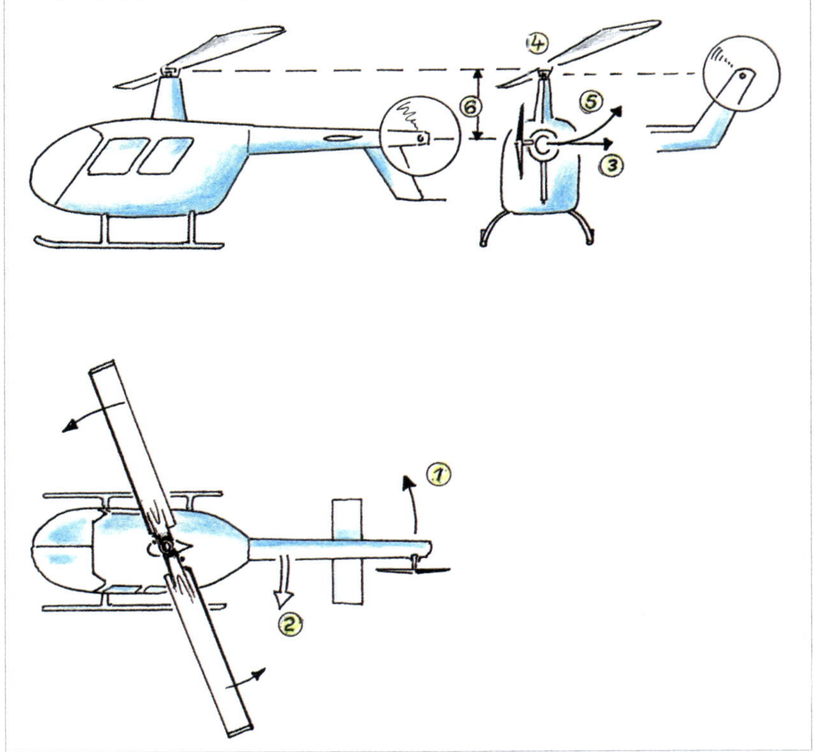

Abb. 69: **Der Heckrotor erzeugt neben dem Drehmomentausgleich weitere Momente. Die Rollbewegung des Rumpfes bei ungekröpftem Ausleger, die seitliche Drift und sein „eigenes" Drehmoment.**

Heckrotors *3* unterhalb dieses Aufhängepunktes *4* entsprechend *6* an, entsteht aufgrund dieser Hebelwirkung eine Rollbewegung *5* (um die Längsachse) des Hubschraubers. Je näher der Heckrotor in Höhe dieser Aufhängung wirkt, umso geringer agiert dieses Kippmoment.

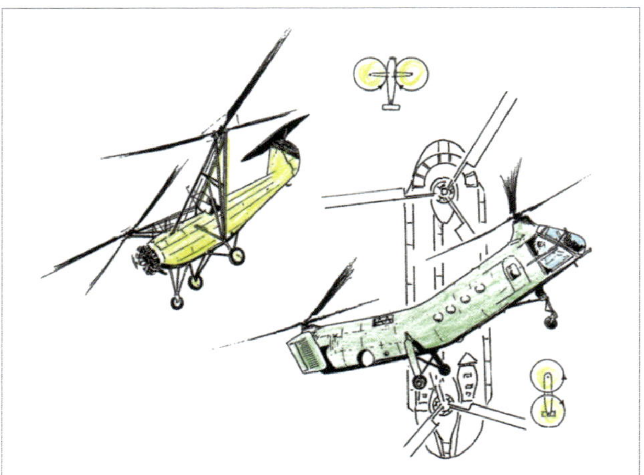

Abb. 70: Von oben nach unten: Von der Lösung mittels zweier Rotoren hat sich die Tandemanordnung (rechter Hubschrauber) durchgesetzt. Diese Bauweise erfordert sehr langgezogene Bauformen, damit die Rotornaben weit genug voneinander entfernt liegen.

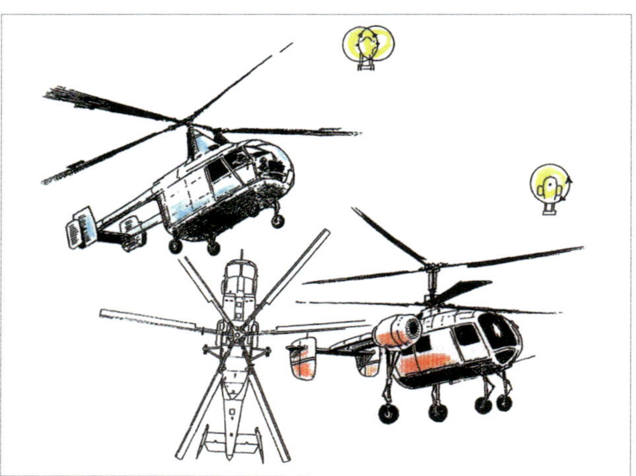

Abb. 71: Die eng und schräg auseinander stehenden Rotorwellen erlauben das Ineinanderkämmen der Rotoren. Die Gegenläufigkeit gleicht das Drehmoment aus. Ebenso wirkt dieses beim „Contrarotating" System, wobei der obere Rotor in einer Hohlwelle des unteren dreht.

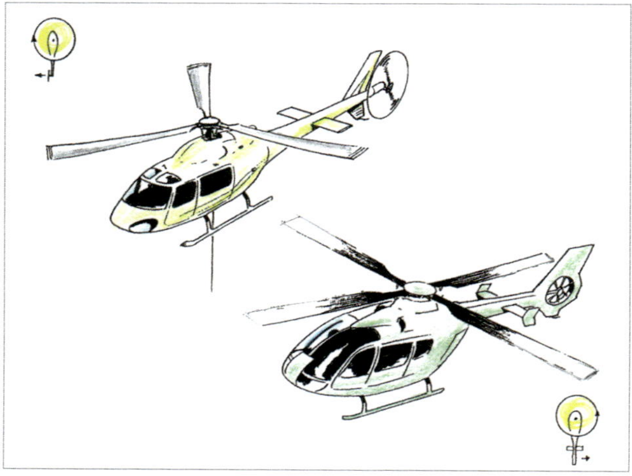

Abb. 72: Der Heckrotor ist die am weitesten verbreitete Lösung des Drehmomentausgleichs. Am Heck mit Hebelarm versehen und nur teilweise vom Hauptrotorstrahl berührt. Der „Fenestron" setzte sich ebenfalls in einigen Mustern durch. Das Gebläse ist lärmarm, effektiv und vor Beschädigung geschützt.

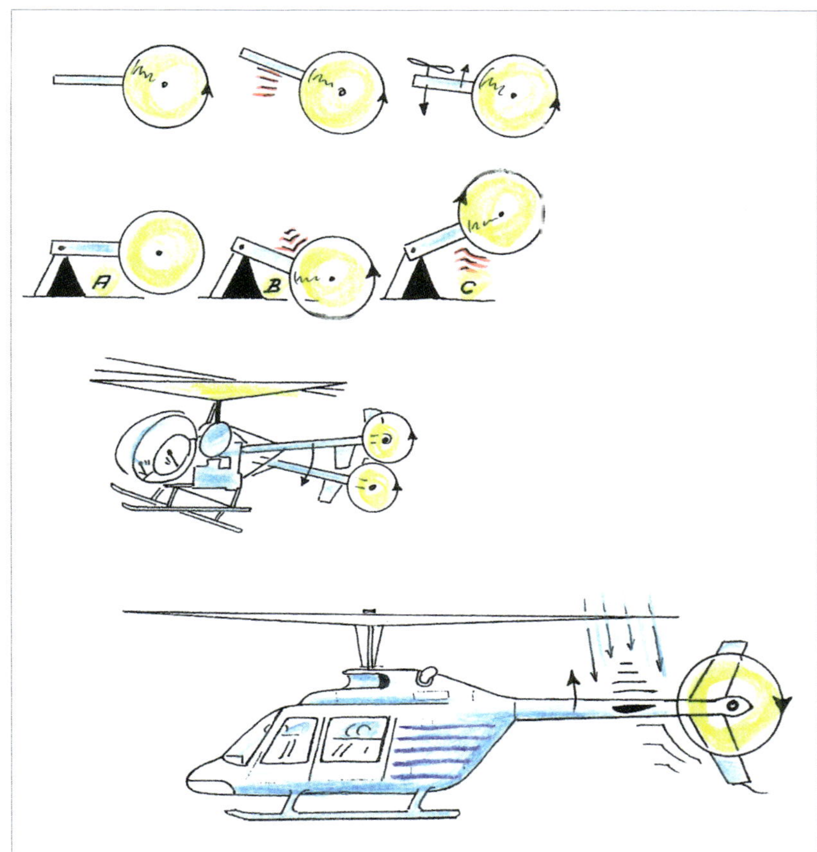

Abb. 73: **Das „eigene" Drehmoment des Heckrotors führt abhängig von seiner Rotationsrichtung zur Bewegung um die Nickachse. Die wird auch durch entsprechende Positionierung der Horizontalflosse kompensiert.**

Der horizontale Schub des Heckrotors, der die Drehung des Rumpfes verhindert bzw. steuert, bewirkt noch eine weitere Bewegung des gesamten Hubschraubers. Da sich der Ausgleichsrotor besser an der Luftmasse abstützen kann als das Drehmoment, kommt es zu einer seitlichen Drift des Hubschraubers. Diese Tendenz wird durch Neigung der Rotorkreisfläche in Gegenrichtung verhindert, indem der Rotormast 2–3° schräg sitzt. Auch die Rollbewegung des tiefsitzenden Heckrotors verursacht eine solche Neigung der Hauptrotorfläche.

Drehmoment des Heckrotors und weitere Wirkungen [Abb. 73]

Geht man von der dargestellten Drehrichtung des Heckrotors *A* aus, dann bewegt sich aufgrund des Drehmoments der Ausleger in die Gegenrichtung *B*, hier nach oben skizziert. Betrachtet man dieses skizzierte System horizontal und befestigt es auf einer Masse, wandert es nach unten aus. Bei entgegengesetzter Rotation richtet sich das Gerät auf. Der Hubschrauber stellt nun ebenfalls eine Masse dar. Wird die Leistung erhöht, muss für den Drehmomentausgleich des Hauptrotors

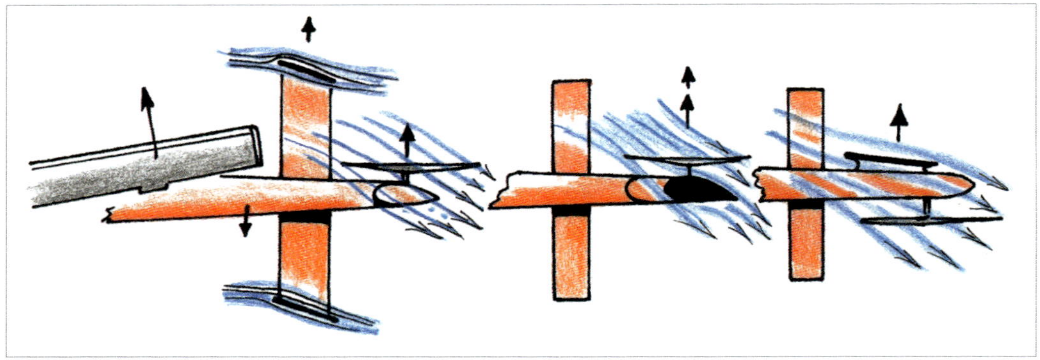

Abb. 74: **Eine seitliche Kraft zur Unterstützung des Heckrotors kann durch Schrägstellung der Vertikalflossen oder Profilierung des vertikalen Teils entstehen.**

auch der Schub des Heckrotors vergrößert werden. Das auftretende Moment um die Heckrotorachse führt bei der dargestellten Drehrichtung zu einem Senken des Hecks und Aufrichten der Hubschraubernase.

Dieses Moment kann je nach Drehrichtung durch Beaufschlagung durch den Hauptrotorstrahl oder durch Anströmung bei Vorwärtsfahrt an der horizontalen Stabilisierungsflosse gedämpft werden.

Seitenflosse oder abgewinkelte Heckausleger sind oft auch derart profiliert, dass sie bei Anströmung von vorne eine aerodynamische Kraft entwickeln und den Heckrotor unterstützen bzw. entlasten *C*. Davon profitiert das Gesamtsystem. Manche Heckrotoren erzeugen durch eine geneigte Stellung auch eine Auftriebskomponente.

Übrigens wird der Heckrotor genauso wie der Hauptrotor bei Vorwärtsfahrt einer unsymmetrischen Anströmung ausgesetzt. Die dabei auftretenden Wechselbiegebelastungen müssen auch vermieden werden. Mehrblätterige Ausgleichsrotoren können dafür über einzelne Schlaggelenke, zweiblätterige über ein gemeinsames Schlaggelenk verfügen. So kann bei einer nicht rotationssymmetrischen Anströmung durch einen schräg eingesetzten Schlaggelenkbolzen ein Blattwinkel-Rücksteuerungseffekt eingeleitet werden. Siehe auch Kapitel „Rund

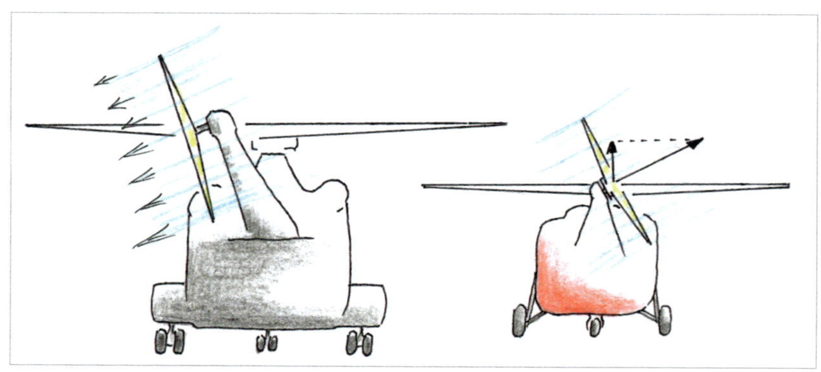

Abb. 75: **Ein geneigter Heckrotor kompensiert nicht nur das Drehmoment , sondern erzeugt auch eine Vertikalkomponente.**

um den Rotor“. Je nach vertikaler Positionierung des Heckrotors kann seine Kreisfläche bei Vorwärtsfahrt im Hauptrotorstrahl liegen oder über die Hauptrotorfläche hinausragen.

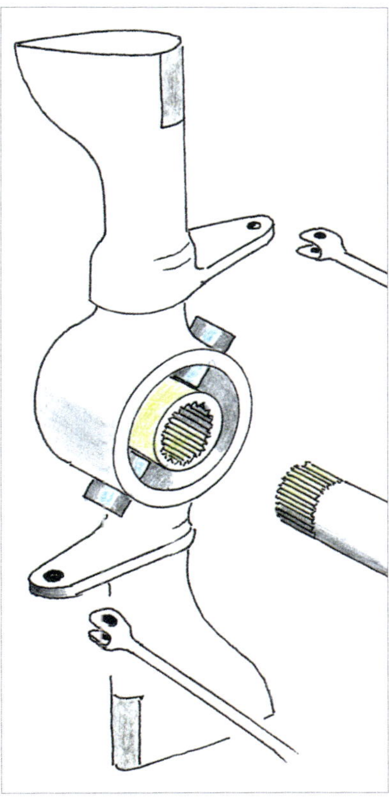

Abb. 76: **Der schräge Schlaggelenkbolzen hat den Zweck, bei einer nicht rotationssymmetrischen Anströmrichtung einen Blattwinkel-Rücksteuerungseffekt einzuleiten.**

Weitere Möglichkeiten des Drehmomentausgleichs

Fenestron. Diese Konstruktion besitzt einen „Fan“ (Ventilator), der in einer Seitenflosse integriert ist. Diese ummantelte Luftschraube bietet an den Blattenden stark verringerten induzierten Widerstand und wesentlich geringere Geräuschbildung. Auch ist der Fan vor Beschädigungen besser geschützt. Hinter den verstellbaren, ca. 12 teilweise auch geschwungenen Blättern sitzen feste Leitschaufeln. Diese „begradigen“ den Rotorstrahl. Damit bei Vorwärtsfahrt der schräge Durchfluss nicht gestört wird, sind Ein- und Austrittskanten entsprechend abgerundet. Siehe Seite 46.

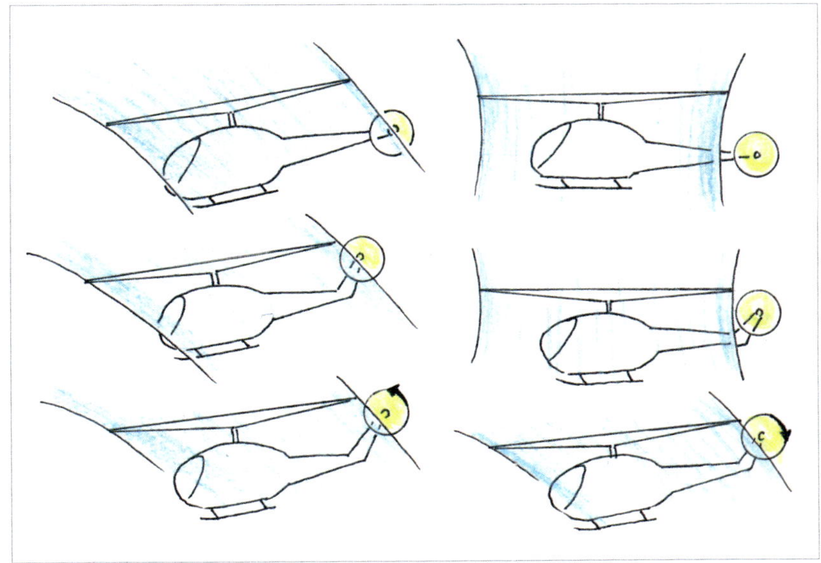

Abb. 77: **Der Heckrotor kann sich je nach Bauart und Positionierung am Heck teilweise oder total im Einfluss des Hauptrotorstrahls befinden, mitunter dadurch unterstützt. Auch seine Drehrichtung ist von Einfluss.**

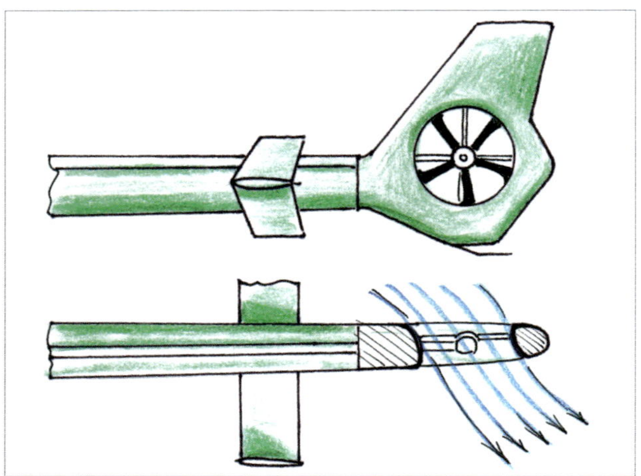

Abb. 78: **Durch seine Ummantelung ist dieser „Ventilator" mit weniger induziertem Randwiderstand leistungsfähiger, lärmärmer und fremdkörpergeschützt. Blätter und Stützen haben aus Vibrationsgründen unterschiedliche Zahl.**

Auch das **NOTAR**-System [Abb. 79] (no tail rotor) basiert auf aerodynamischen Prinzipien. Eine Möglichkeit: In einen hohlen Heckausleger wird durch ein Gebläse Luft gedrückt. Diese strömt auf einer Seite aus zwei Längsschlitzen abwärts aus. Der Hauptrotorstrahl wird so abgelenkt und beschleunigt, dass eine teilweise Zirkulationsströmung entsteht und eine quergerichtete Kraft erzeugt wird. Dieser „Magnus-Effekt" wirkt auch an rotierenden Zylindern und am „geschnittenen" Tennisball. Eine über die

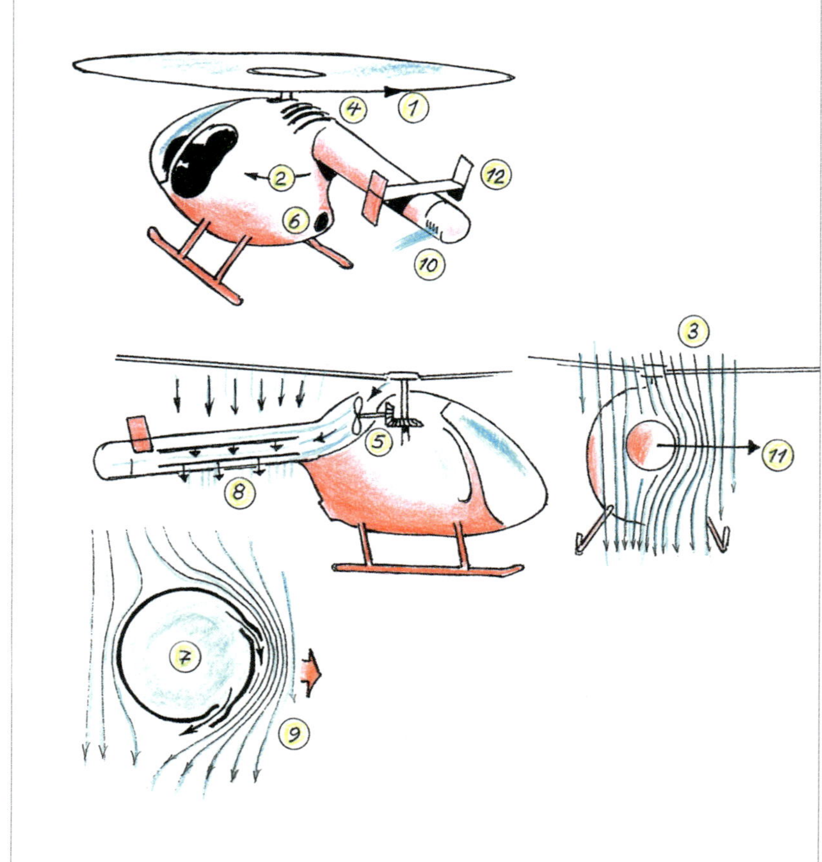

Abb. 79: **Bei diesem System wird aus seitlichen Längsschlitzen Luft ausgepresst, wodurch in der Strömung des Hauptrotorstrahls ein Magnus-Effekt entsteht und eine Querkraft bewirkt.**

Pedale verstellbare Kaskade ermöglicht ein Regulieren der Seitenkraft.

1. Rotordrehrichtung,
2. Drehmoment,
3. vertikale Durchströmung,
4. Lufteintritt,
5. Gebläse,
6. Turbinenauslass,
7. komprimierte Luft,
8. Ausblasung durch Schlitz,
9. Ablenkung der Strömung,
10. Ausstoß durch verstellbare Kaskade,
11. Magnus-Effekt gegen Drehmoment wirkend,
12. Seitenruder zur Unterstützung bei Vorwärtsfahrt.

Manche Hubschrauber weisen außer dem Ausgleichsrotor, Elevator und Vertikalflossen auch sog. Strakes entlang des Heckauslegers auf [Abb. 80]. Diese sind auf der oberen Hälfte des Heckrohres angesetzt. Sobald zur vertikalen Abströmung des Hauprotors eine seitliche Windkomponente parallel zum Heckrotorstrahl hinzukommt, trifft die Resultierende schräg auf. So würde sich z. B. eine das Drehmoment begünstigende Profilwirkung bilden. Durch die hier dargestellte Blechkante wird die Strömung auf der Schattenseite gestört, wodurch die Aerodynamik den Heckrotor unterstützt. Somit auch eine Art Magnus-Effekt, wobei die luvseitige Strömung den Widerstand des Strake überlagert.

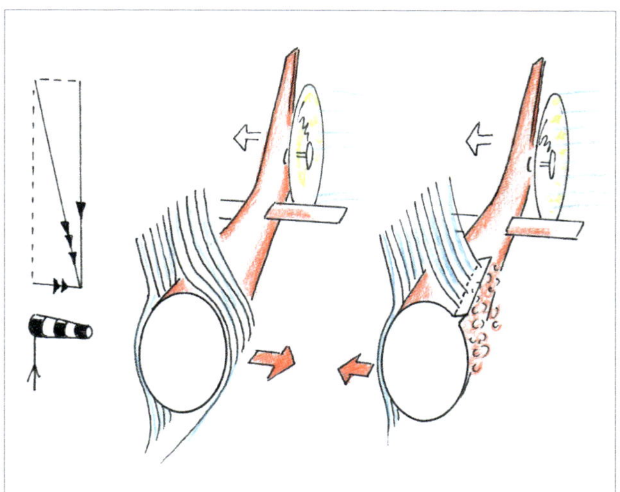

Abb. 80: **Auch hier wird durch ein „Strake" – einen am Heck längsgezogenen Blechstreifen – durch dessen Grenzschichtbeeinflussung ein Magnuseffekt hervorgerufen, wodurch der Heckrotor unterstützt wird.**

ZUSAMMENFASSUNG

Der Drehmomentausgleich stellte anfangs ein gewaltiges Problem bei der Konstruktion dar. Neben dem koaxialen System, der Tandemanordnung und auch der ineinanderkämmenden (intermeshing) Lösung, wobei die Gegenläufigkeit für Momentkompensation sorgt, bleibt für den einrotorigen Hubschrauber nur die Montage eines einzelnen Ausgleichsrotors an einem ausreichend langen Hebelarm übrig. Außer dem Heckrotor haben sich der Fenestron, ein ummantelter Gebläserotor, sowie das NOTAR-System weitgehend bewährt. Diese „No Tail Rotor"-Konstruktion besteht aus einem Heckauslegerrohr, dessen Druckluft durch seitliche Längsschlitze ausgeblasen wird und mit Einfluss des Rotorstrahls einen Magnus-Effekt bildet, der eine Seitenkraft erzeugt. Die Steuerung erfolgt über eine verstellbare Kaskade am Rohrende.

KAPITEL 5

Der Schwebeflug

Bekanntlich ist der Schwebeflug eines der schwierigsten Manöver mit dem Hubschrauber. Dabei wird ein hohes Maß an Mehrfacharbeit, Koordination und Konzentration gefordert. Es gibt verschiedene Methoden der Schulung, wichtig ist dabei, die Rotorkreisebene annähernd horizontal zu halten, um dem Hubschrauber wenig Veranlassung zur Fahrtaufnahme in beliebige Richtung zu geben.

Abb. 81: **Die Luft kann sehr nachgiebig sein, man möchte sich dennoch irgendwie daran festhalten.**

Abb. 82: **Die korrekte Höhe über Grund ist mitentscheidend für Fluglage, als Bodenabstand wegen Hindernissen und als Sicherheitshöhe für Pannenfälle.**

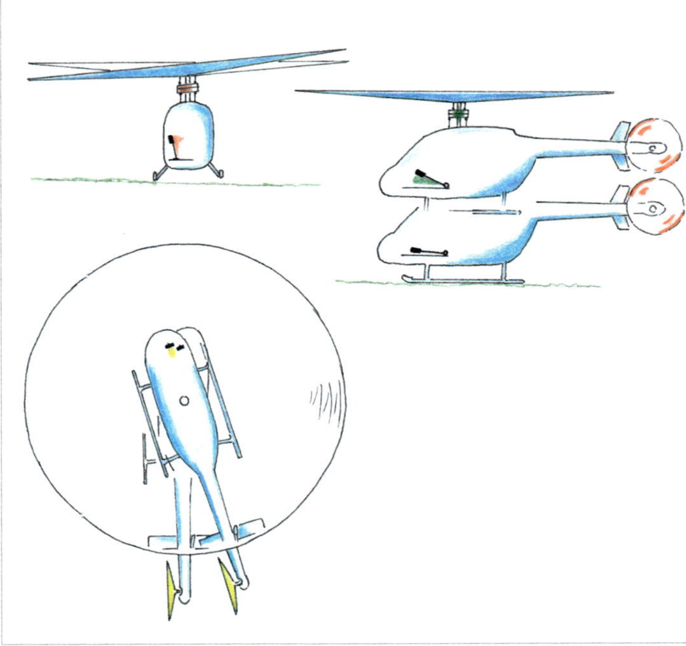

Die Kunst des Schwebens, Bodeneffekt

Der Schwebeflug gilt in der Hubschrauberei als der am meisten herausfordernde Flugzustand. Dabei wird (beim Üben) mit einmotorigen Hubschraubern ein Bodenabstand von 1 bis 1,5 Metern empfohlen.

Dieser gewährt genügend Hindernisfreiheit und ermöglicht noch eine sichere Notlandung nach Motorausfall. Wenn man vom Boden abhebt und in den Schwebeflug übergehen will, muss zuerst die erforderliche Rotordrehzahl erreicht sein. Dann hebt man den kollektiven Blatthebel zur Erhöhung des Vertikalschubes. Dabei muss auch das zunehmende Drehmoment ausgeglichen werden, indem entsprechendes Pedal bedient wird.

Damit ein senkrechter Steigflug bis zur Schwebehöhe beibehalten wird, versucht man, eine neutrale und ruhige Position des zyklischen Blattverstellhebels zu erfühlen.

Vor dem endgültigen Abheben wird der Hubschrauber zuerst „leicht“ gemacht, d. h. der Auftrieb wird so weit vergrößert, dass das Landegestell oder Fahrwerk den Boden noch berührt und die volle Bewegungsfreiheit noch nicht gegeben ist. Es wird mit allen Steuerorganen vorsichtig versucht, eine Position zu finden, die ein anschließendes Übersteuern ausschließt. Sobald man das Gefühl hat, dass der Hubschrauber keine groben Ausbrechtendenzen zeigt, hebt man weiter den Pitch, um den Vertikalschub so weit zu erhöhen, damit das Gewicht des Helikopters überwunden wird. Hat man den Anstellwinkel vergrößert, nimmt der Auftrieb zu – auch der Widerstand und die Tangentialkraft. Es muss also Motorleistung zugeführt werden, damit die Rotordrehzahl konstant bleibt.

Abb. 83: **Das Abheben soll in ruhiger Fluglage und unter Beachtung sämtlicher Ausbrechtendenzen verlaufen. Der Hubschrauber soll nicht vom Boden weggerissen werden.**

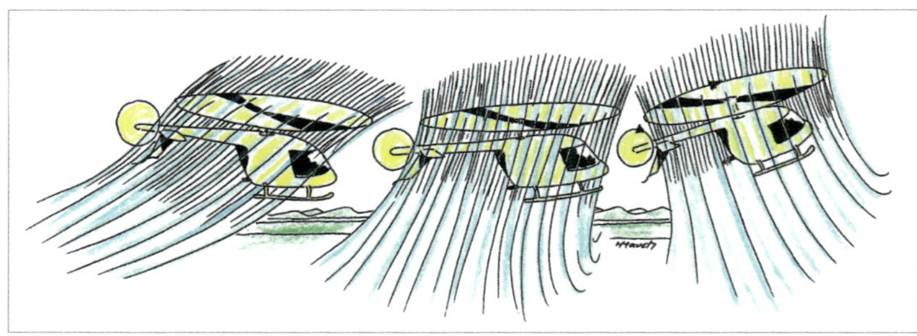

Abb. 84: **Die Lage der Rotorkreisebene ist mitentscheidend für die mögliche eingeleitete Schwebe- oder Flugrichtung. Man vermeidet auch in drastischen Abweichungen abrupte Steuerreaktionen.**

Bei Hubschraubern mit Kolbentriebwerk wird die Gasdrosselklappe mit einem Drehgriff verstellt, der sich am vorderen Ende des Pitch befindet.

Mit Anheben des Pitch wird möglichst gleichzeitig durch Drehen des Gasgriffes die Drosselklappe so weit geöffnet, dass die erforderliche Mehrleistung des Triebwerks die Rotordrehzahl konstant hält. Und umgekehrt. Zur Entlastung des Piloten bei der Koordination von Pitch, Drehzahl und Gasgriff (Throttle) hat man im Gasgestänge ein Segment (Kurvenscheibe) eingebaut, das bei jeder Verstellung des Pitch über die Drosselklappe eine Gasangleichung vornimmt. Durch diese Einrichtung wird eine ungefähre Synchronisation zwischen Leistungserfordernis und Anstellwinkel der Blätter hergestellt. Bei abrupten Flugmanövern oder grober Steuerführung reicht diese Hilfe jedoch nicht immer aus. Auf dem Sektor der mit Kolbenmotor angetriebenen Helikopter werden sehr exakt arbeitende Regler verwendet. Bei Turbinenhubschraubern übernimmt ein sehr präzise arbeitender Regler (Governor) die Leistungsangleichung. Die „FADEC" – eine vollautomatische digitale Triebwerkskontrolle – steuert sämtliche Parameter.

Abb. 85: **Hier wird mit der Lagekontrolle eines Starrflüglers verglichen. Bewegungen um die Nickachse (Querachse) kann man prinzipiell wie analog zu einem künstlichen Horizont begegnen.**

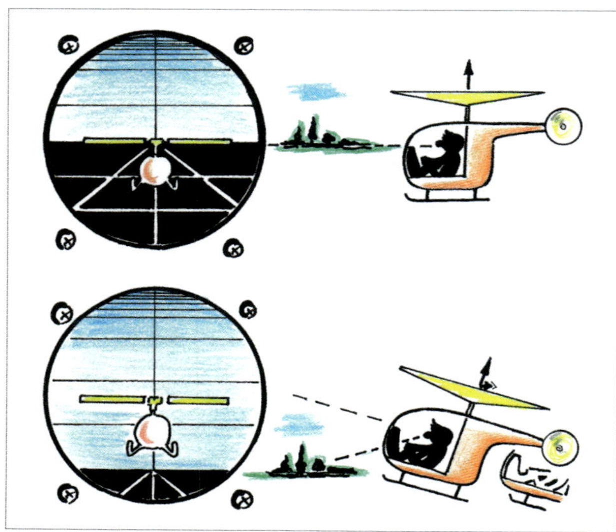

Der Hubschrauber hat abgehoben. Der Anstellwinkel ist vergrößert und die Motorleistung ist den Erfordernissen des senkrechten Steigfluges angepasst. Die Erhöhung der Motorleistung bewirkt ein verstärktes Drehmoment. Dies wird durch Verstellung der Heckrotorblätter über die Pedale erreicht, sodass der Drehflügler in der beabsichtigten Richtung bleibt.

Sofern sich während dieses Flugvorganges Bewegungen um Hoch-, Längs- oder Querachse einstellen, wird auch spontan die periodische Steuerung beteiligt. Versucht der Hubi z. B. nach vorne auszubrechen, nimmt man den Stick etwas zurück. Kurz bevor der Hubi zum Stillstand kommt und wieder rückwärts tendiert, wird der Knüppel um den halben Betrag vorwärts bewegt. Es ist ratsam, anfangs nur auf die groben Abweichungen hinsichtlich Horizontallage zu reagieren, um eine hastige Steuerführung zu vermeiden.

Die Kunst des ruhigen stationären Schwebefluges besteht darin, nach ruhigem Erfühlen der neutralen Position des periodischen Knüppels auf erkennbare Fluglageabweichungen ruhig und angemessen zu reagieren und diese Tendenzen vorausschauend – im Groben am natürlichen Horizont „ablesbar“– zu verhindern. Sehr kleine Veränderungen sind erst im Verlauf der Ausbildung durch Training und passende Steuerausschläge erreichbar.

Um die Fluglagekontrolle des Hubschraubers während des Schwebefluges zu beherrschen, kann man sich anfangs einer besonderen Methode bedienen. Sie ähnelt der Bedienung eines Flächenflugzeugs im Geradeausflug. Der Hubschrauber holt stets Fahrt in die Richtung auf, in die seine Rotorkreisfläche gekippt ist. Geht man von Windstille aus und nimmt an, dass Einfluss von Heckrotor und Beladung ausgeglichen sind, braucht man nur zu versuchen, die momentane Horizontalfluglage beizubehalten.So wird zunächst eine Garantie für eine ungefähre Präsenz an einer Position geschaffen. Nimmt man sich vor, die momentane Fluglage anhand des Vergleichs von natürlichem Horizontbild und Cockpitkulisse zu halten, kann man durch rechtzeitiges Korrigieren etwaiger Nick-Tendenzen ein Vor- und Rückwärtsbeschleunigen unterbinden.

Die Kontrolle der Seitwärtsbewegung erfolgt in ähnlicher Weise. Sobald

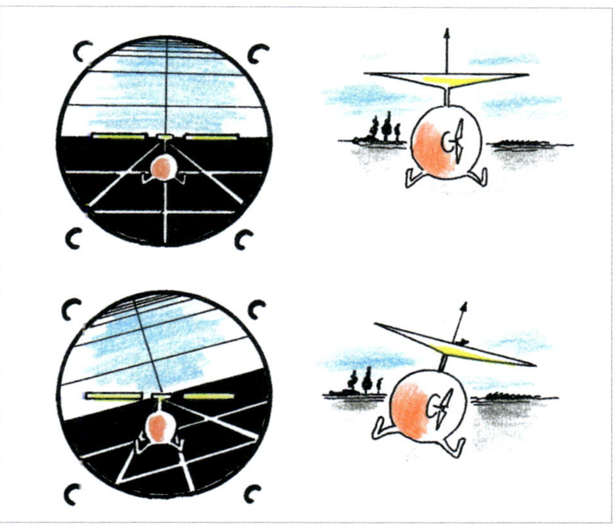

Abb. 86: Wie Abweichungen um die Querachse können Lageänderungen um die Längsachse nach gleichem Bewegungsmuster korrigiert werden.

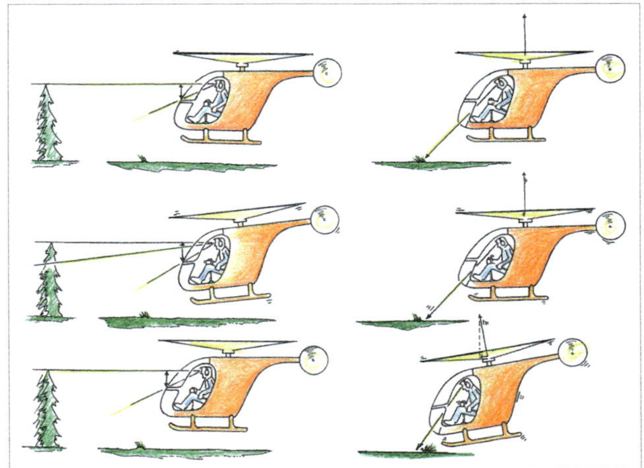

Abb. 87: Die Lageorientierung an einem direkt vor dem Hubschrauber liegenden Objekt ist zunächst ungeeignet, da die eintretende Lageänderung sofort mit dem Positionsverlust beginnt.

Abb. 88: **Zu Anfang der Schulung sollte auch ggfs. die Wetterfahnenwirkung genutzt werden. Diese erleichtert die Fluglagegestaltung. Rückenwind beim Schwebeflug destabilisiert!**

sich der Hubschrauber um die Längsachse dreht (Rollbewegung genannt), stellt sich eine Drift in Neigungsrichtung ein.

Die Zeichnung 89 stellt eine wichtige Hilfe zur konstanten Positionskontrolle dar. Statt Bodenstruktur sollte anfangs horizontale Referenz bevorzugt sein.

Der Hubschrauber kann also durch Neigung seiner Rotorebene in jede beliebige Richtung ge-„hovert" werden. Die Geschwindigkeit hängt dabei vom Grad dieser Neigung und vom Schub ab. Der Hover-Flug stellt den fliegerisch schwierigsten Zustand dar. Dieser kann durch Windeinfluss erleichtert werden, wenn das Luftfahrzeug überwiegend von vorne angeströmt wird und das Heck mit seinen vertikalen Flächen Wetterfahnenwirkung erlangt. Somit werden Gierschwingungen etwas gedämpft. Windeinfluss aus rückwärtigem Sektor wirkt destabilisierend und verursacht u. U. starke Schwankungen um die Hochachse.

Wird eine seitwärtige Schwebeflugbewegung beabsichtigt, neigt man die Rotorebene und verhindert ein Sinken durch Leistungszufuhr. So existieren eine vertikale und eine horizontale Schubkomponente. Vor dem Einleiten prüft man die Hindernisfreiheit. Die Hover-Geschwindigkeit darf man nicht übertreiben, da der Hubi seitlich angeströmt wird und sich ein leichtes Kippmoment einstellt. Außerdem werden die vertikalen Flossen ziemlich rechtwinklig angeströmt. Die bremsende Wirkung der Heckflosse bei seitlicher Beaufschlagung muss durch Änderung des Heckrotorschubes kompensiert werden.

Auch während der Drehung am Ort soll man den Horizont als Referenzlinie nutzen, wonach man die Dreh-

Abb. 89: **Das optische Festhalten an einem Punkt direkt am Helikopter wird zunächst Unruhe erzeugen. Eine ruhigere Fluglage lässt sich besser kontrollieren unter Zuhilfenahme des Horizonts.**

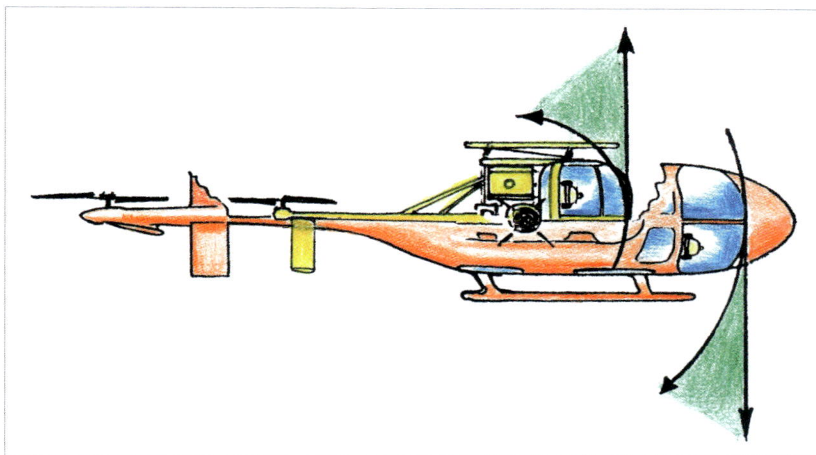

Abb. 90: **Auch die Sitzposition vor der Hochachse verlangt Sensibilität. Mit größerem Abstand von der Rotorachse wird die Drehung durch eine scheinbare Seitwärtsbewegung in der Wahrnehmung überlagert.**

geschwindigkeit kontrollieren kann und Pendelbewegungen des Hubis in ihrem Frühstadium erkennt. Der Pilot soll dem Drehflügler gewissermaßen „voraus“ sein.

Hier [Abb. 89] einige Fluglagen während einer Drehung in Bezug zum Horizont. Die Lageschwingungen erreichen bereits gefährliche Attitüden.

Ruhiges langsames Drehen über einem Punkt erleichtert die Kontrolle. Man beachte den Horizontabstand in der Kabine! Wenn die Maschine bei stärkerem Wind gedreht werden soll, macht sich dieser unterschiedlich bemerkbar. Wenn der Heckausleger quer zur Windrichtung steht, wird je nach Schubrichtung des Heckrotors die Drehung gehemmt oder beschleunigt.

[Abb. 90] Während der Drehung muss auch der Abstand der Sitzposition des Piloten zum Rotormast beachtet werden. Bei weiter Entfernung des Sitzes – also bei längerem Rumpf – beschreibt die Hubschraubernase einen größeren Kreisbogen, der anfangs nicht als Drehung, sondern mehr als

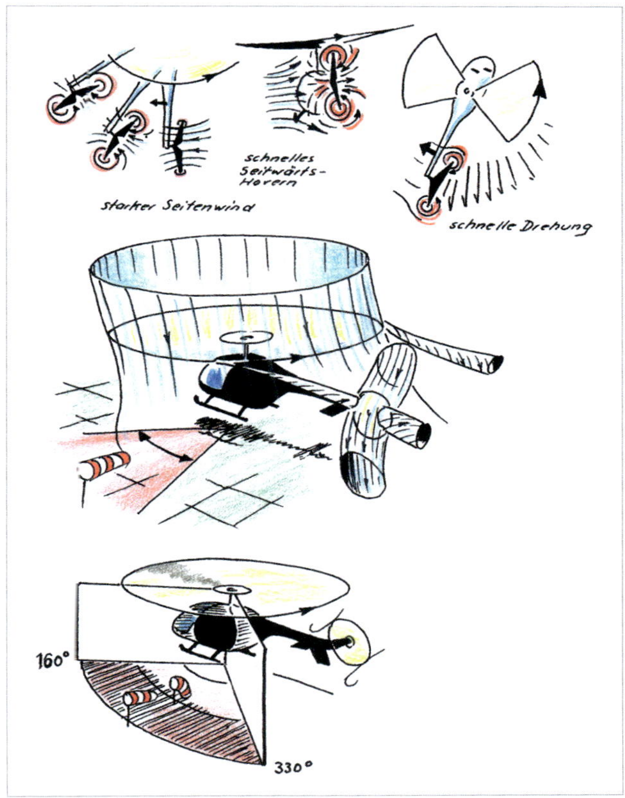

Abb. 91: **Zu schneller Seitwärtsschwebeflug, zu starker Seitenwind und zu schnelle Drehung können ins Wirbelringstadium führen. Bestimmte Sektoren der Windrichtung und -stärke sollten beachtet sein.**

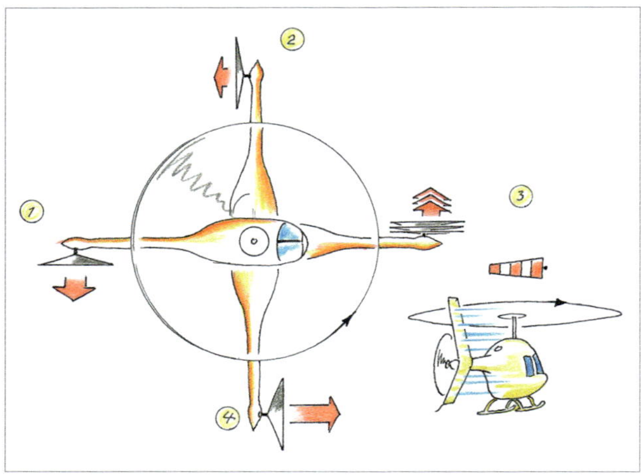

Abb. 92: **Während der Drehung wird bei Windeinwirkung mit unterschiedlichem Heckrotorschub gearbeitet. Das erfordert besonders intensive und angepasste Pedalbetätigung.**

seitwärtige Bewegung empfunden wird, die man irrtümlich mit dem zyklischen Blatthebel zu korrigieren versucht. Dies zu analysieren und beide Steuerorgane – Pedale und Steuerknüppel – angemessen zu bedienen, erschwert diese Übung anfangs der Schulung. Deshalb müssen etwa gleichzeitige Dreh- und Seitwärtsbewegungen behutsam und geduldig pariert werden. Während der Drehung kann einmal das Drehmoment zur Unterstützung der Rumpfdrehung genutzt werden. Andererseits kann es vorkommen, dass bei zu starkem Windeinfluss die hintere Rumpfsektion so kräftig beaufschlagt wird und damit in Richtung des Drehmoments wirkt, sodass der Schub des Heckrotors nicht mehr ausreicht.

Drehung unter Windeinfluss

In der Abbildung 92 ist der Windeinfluss während einer 360°-Drehung verdeutlicht. Dabei ist die Gierrichtung um die Hochachse ohne Belang, denn bei einer langsamen Drehung muss der Heckrotorschub stets der Windstärke angepasst sein.

Positionen [Abb. 92]

1. Windfahnenwirkung, daher geringer Heckrotorschub erforderlich,
2. Heckausleger wird vom Wind in Heckrotorschub-Richtung beaufschlagt,
3. Rückenwind destabilisierend – daher wechselnder Heckrotorschub – viel Pedalarbeit!
4. Heckrotor muss gegen den Wind arbeiten.

Die Rotorkreisebene muss über die ganze Dauer der Drehung in den Wind geneigt bleiben. Ihre horizontale Schubkomponente muss der Windstärke entsprechen. Es wird z. B. bei einer Linksdrehung des Hubis der Stick immer so gegen die Windrichtung geführt, indem man gleichzeitig

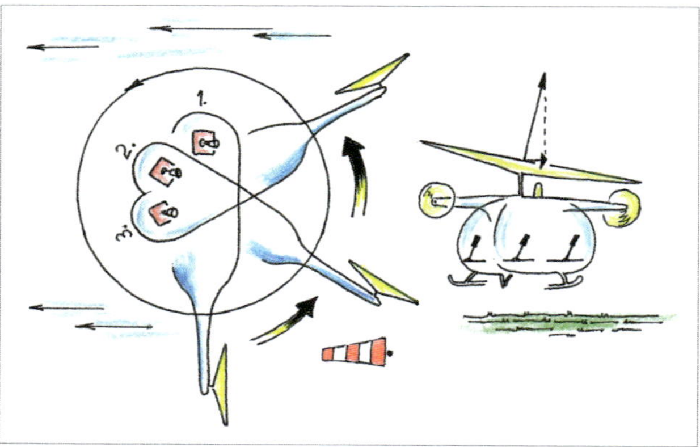

Abb. 93: **Bei Windeinwirkung muss während der Drehung am Ort stets der Stick in den Wind geführt werden. Er beschreibt dabei einen Kreis. Dabei bleibt die Rotorkreisfläche in den Wind geneigt und der Rumpf dreht unter ihr.**

mit der Drehung mittels Stick einen Rechtskreis beschreibt. Die Abbildung 92 beschreibt die jeweilige Stellung des periodischen Knüppels. Der Hauptrotor liefert den jeweils erforderlichen Horizontalschub, um eine Abdrift zu verhindern. So verbleibt der Hubi über einem Punkt.

Dieses Manöver verlangt präzise und koordinierte Steuerführung aller Organe. Die dem Wind dargebotene Rumpfsilhouette erfordert weitere Schubanpassungen. Bei dem dargestellten Hubi dreht der Rotor entgegen dem Uhrzeigersinn. Das erfordert zum Drehmomentausgleich einen Heckrotorschub, der in Flugrichtung gesehen am Heck nach rechts wirkt. Einfacher: immer in die Drehrichtung des Hauptrotors. Soll eine Linksdrehung erfolgen, muss der Heckrotorschub nach rechts verstärkt werden. Mittels linkem Pedal verstellt das Steuergestänge den Einstellwinkel der Heckrotorblätter. Durch den zunehmenden Anstellwinkel erhöht sich der horizontale Schub des Ausgleichsrotors – wie der Widerstand auch. Da beim Hubschrauber mit Wellenantrieb Triebwerk, Haupt- und Heckrotor im Flug eine Einheit bilden, beeinflusst die Änderung einer dieser Komponenten jeweils die Leistung der übrigen.

In diesem Beispiel bewirkt die Veränderung des Heckrotors einen Abbau

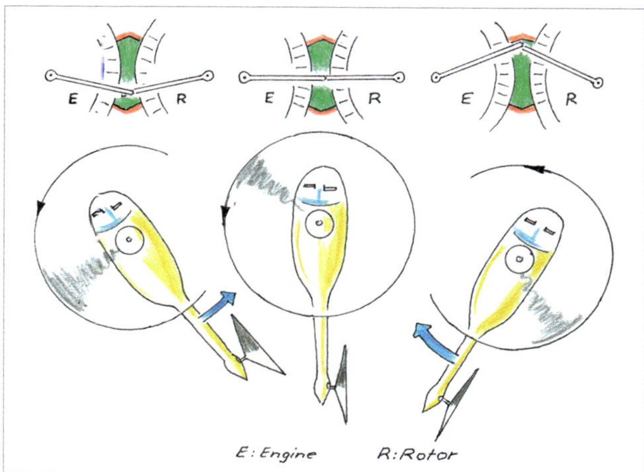

Abb. 94: **Durch deutliche Drehungen um die Hochachse treten Drehzahländerungen auf, da der Heckrotor unterschiedliche Leistungszufuhr benötigt.**

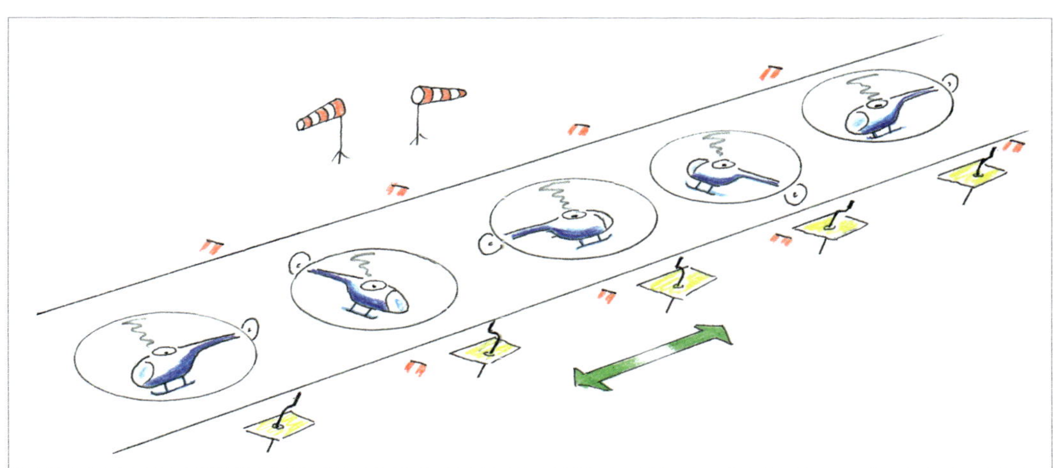

Abb. 95: **Die „Pirouette" ist eines der (un-) beliebtesten Hover- Manöver. Es ist eine Kombination aus Drehungen und fortschreitender Flugbahn entlang einer Referenzlinie.**

Abb. 96: **Die umfängliche Drehung entlang einer Kreislinie in konstantem Radius von einem Referenzpunkt entfernt führt durch unterschiedliche Windeinwirkungen. Dabei kommt im Rückenwind ein Anheben von rückwärts vor!**

der Hauptrotordrehzahl und der Triebwerksdrehzahl. Die Triebwerksleistung muss erhöht werden, damit auch der Hauptrotor seinen ursprünglichen Auftrieb erzeugen kann. Der Heckrotor „frisst" immerhin über 20 % des Leistungshaushalts. Durch Leistungszufuhr verstärkt sich wiederum das Drehmoment, was weitere Vergrößerung des Heckrotorschubes erfordert. Bei einer Rechtsdrehung um die Hochachse wird die Heckrotorleistung verringert. Das Drehmoment bewegt nun das Heck in Drehrichtung. Durch die Reduzierung des Ein- und Anstellwinkels entsteht ein Leistungsüberschuss, der sich in Zunahme der Rotor- und Triebwerksdrehzahl auswirkt.

Pirouette und Ähnliches

Der Schwierigkeitsgrad einiger Manöver lässt sich leicht steigern. Es erfordern manche sehr einfach scheinende, aber anspruchsvolle Übungen eine präzise Koordination aller Steuerorgane. So verlangt die Pirouette mit dem gleichzeitigen Drehen um die Hochachse und Hovern entlang einer Linie am Boden besondere Gleichmäßigkeit in der Bewegung. Bei Drift mit dem Wind ist das einfacher als gegen den Wind.

Bereits das Drehen um einen markanten Punkt am Boden in einem radialen Abstand von ein paar Metern, wobei die Längsachse ständig zu dieser Mitte zeigt, kann bei Wind sehr anstrengend werden. Wechselnde Wind-

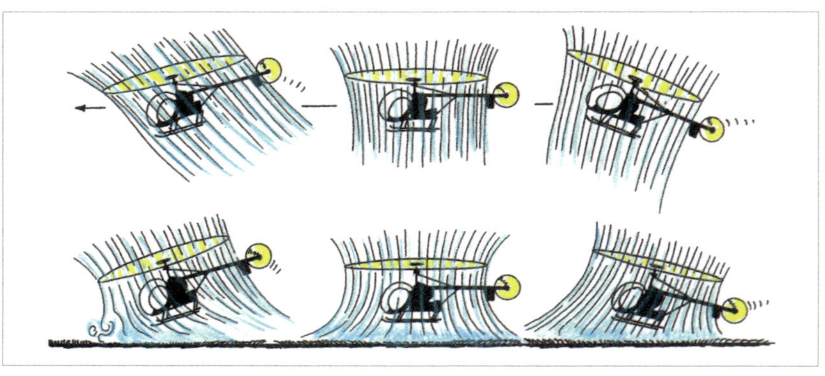

Abb. 97: **Diese Flugsituationen sind stets möglich: innerhalb und außerhalb des Bodeneinflusses sowie mit und ohne Übergangsauftrieb. Auch die Leistungskonstellationen sind unterschiedlich.**

richtung durch eigene Stellungsänderung erschwert eine ruhige Ausführung. Dabei sollte nicht der Punkt fixiert werden, der Fokus muss vielmehr auf Horizontebene über den Mittelpunkt hinweg ragen. Auch hier muss der Stick ständig zusätzlich in den Wind geführt werden.

Der Bodeneffekt

Die einzelnen Flugzustände des Hubis verdeutlichen eine Vielfalt von Einsatzmöglichkeiten und Kombinationen von Strömungsvorgängen, wie sie während der einzelnen Flugmanöver eintreten können. Die Flugsituationen lassen sich aufgrund von Strömungsbildern gruppieren: motorgetriebener Flugzustand bei symmetrischer und unsymmetrischer Durchströmung wie beim Hoverflug und in Fahrt, auch die Autorotationen betreffend. Doch unter diesen elementaren Vorgängen hat ein Phänomen besondere Bedeutung: der Bodeneffekt.

Bei diesem – auch als Bodenpolster bekannten – Vorgang bildet sich bei Annäherung an den Boden ab einem Abstand von ca. Rotordurchmesser ein verändertes Strömungsbild des Schwebefluges. Dabei kommt es zu einem deutlichen Leistungszuwachs. Die höchste Wirkung wird bei Berücksichtigung der üblichen Hoverhöhe in unmittelbarer Bodennähe erzielt. Der Bodeneffekt wird dadurch hervorgerufen, dass die von oben nach unten durch die Rotorkreisfläche strömende Luftmasse durch Auftreffen auf den Boden durch Reibung gebremst wird. Hierdurch verringert sich die senkrechte Durchtrittsgeschwindigkeit. In einer Schwebehöhe, in der sich der Rotor im Abstand von einem halben Rotordurchmesser über dem Boden dreht, wird durch Bodeneinfluss etwa 20 % Schubzuwachs erzielt. Innerhalb des Bodenpolsters wird die vertikale Durchtrittskomponente „gehemmt", was eine Neigung der effektiven Anströmrichtung nach unten bedeutet. Somit wird der effektive Anstellwinkel größer. Mit der effektiven Anströmrichtung neigen sich Auftrieb und resultierende Luftkraft vorwärts. Die Rotorleistung steigt, ohne dass die Tangentialkraft zunimmt. Die (logische) Widerstandszunahme durch vergrößerten Anstellwinkel wird durch den Schubzuwachs überlagert.

Abb. 98: **Der Rotorstrahl in der Höhe unterscheidet sich stark zu der Form in Bodennähe. Die Strahlachse ändert sich mit Neigung der Rotorebene.**

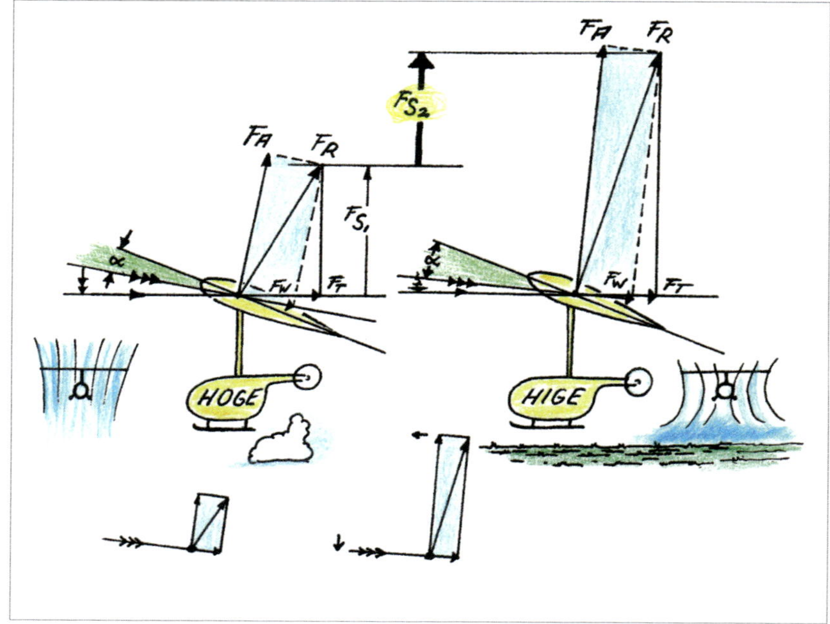

Abb. 99: **Hier ist der Unterschied zwischen der Aerodynamik inner- und außerhalb des Bodeneinflusses dargestellt. Die V_{eff} neigt sich zur Rotorebene, der effektive Anstellwinkel wird vergrößert, der Vertikalschub nimmt zu ohne Leistungszufuhr.**

Zur Verdeutlichung des Bodeneffekts ist der Schubzuwachs übertrieben dargestellt. Links „Hovern" ohne oder außerhalb des Bodeneffekts (HOBE) oder engl. HOGE: hovering out of ground effect. Vertikalschub VS, rechts im Vergleich Hoverflug im Bodenpolster (HIBE), engl. HIGE: Hovering in ground effect. Wenn nun ein Wegsteigen des Hubschraubers vermieden oder ein weiteres Sinken zur Landung beibehalten werden soll, muss die Leistung reduziert werden. Der Bodeneffekt verliert an Wirksamkeit, wenn über größeren Bodenvertiefungen oder zwischen dichten Hindernissen geschwebt wird, da hierbei ein großer Teil der Luftmasse, die durch

Abb. 100: **Die Wirkung des Bodeneffekts kann abhängig von der Form des Untergrundes „verpuffen". Der unterschiedliche Rotorstrahl kann auch zu Leistungsverlust führen.**

den Rotor tritt, wieder durch dessen Fläche zirkuliert und nicht nach allen Seiten frei wegfließen kann. Diese Rezirkulation führt u. U. zu einem schwer zu kontrollierenden Flugzustand. Siehe auch Kapitel 8.

Die maximale Wirkung des Bodeneffekts liegt im Bereich zur Drehachse des Rotors hin. Bei allen Flugmanövern in Bodennähe wird das Bodenpolster einkalkuliert. Manöver werden hier erleichtert, da der geringere Leistungsbedarf eine Reserve lässt. Der Bodeneffekt ist bei Windstille wirksamer, da der Rotorstrahl bei Windeinfluss abgelenkt wird.

Beim Schweben über geneigtem Boden macht sich im Sektor mit geringerem Abstand das Bodenpolster stärker bemerkbar, indem sich der betreffende Teil der Rotorebene dort aufrichtet.

Eigentlich kann man von einer „kritischen Schräge" des Bodens sprechen. Bis zu einer bestimmten Hanglage fließt noch ein Teil des Rotorstrahls bergauf, ab einer gewissen Schräge wird der komplette Strahl abwärts gelenkt. [Abb. 100]

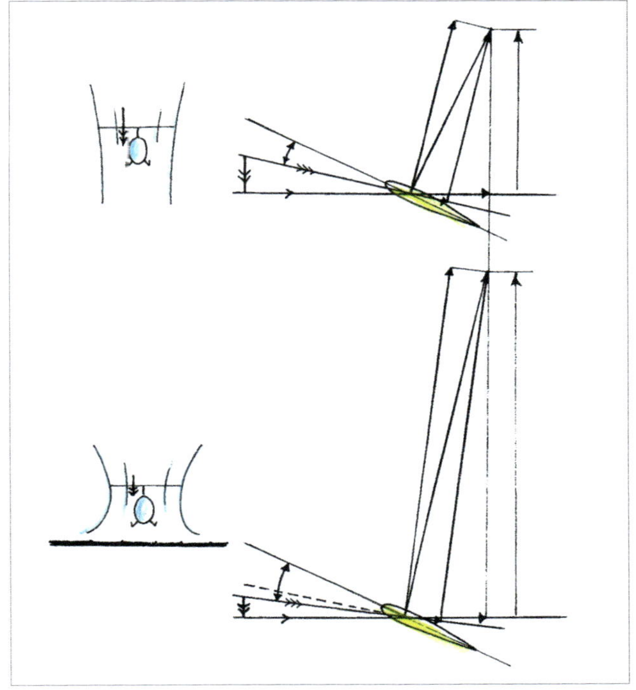

Abb. 101: **Darstellung der aerodynamischen Verhältnisse inner- und außerhalb des Bodeneffekts.**

Ab einer bestimmten, jedem Hubschraubermuster eigenen Geschwindigkeit – oft über einem Dutzend Knoten – verliert der Bodeneffekt seine Wirksamkeit und ein weiteres Phänomen tritt ein: Der Übergangsauftrieb. Siehe Kapitel 6.

SCHWEBEFLUG

Während des Schwebefluges wird anfangs der Schulung stets versucht, die Position über einem Punkt am Boden einzuhalten. Dieser Flugvorgang ist als Hover-Flug bekannt. To hover (engl.) heißt „to remain over one point" und stellt den höchsten Anspruch an Flugpräzision dar. Große Hilfe dabei ist die Einhaltung der passenden Fluglage, sei es bei Windstille oder unter Böeneinfluss. Gefordert sind Mehrfacharbeit, Koordination der Steuer und und feinmotorisches Gefühl, besonders auch Erahnen der Tendenz des Hubschraubers, wie dieser seine Fluglage ändern und anschließend die Position verlassen wird. Leistungsmäßig wird der Helikopter in geringem Bodenabstand von dem aerodynamisch bedingten Bodenpolster unterstützt.

KAPITEL 6

Flug mit Fahrt, Kurvenflug, Übergangsauftrieb

Nachdem der Schwebeflug mit dem Hubschrauber ziemlich beherrschbar wurde, begannen bereits Versuche, auch die Vorwärtsgeschwindigkeit zu steigern. Deren Grenze wird beim „Standard"-Rotorsystem durch die wechselnden aerodynamischen Verhältnisse mit sehr unterschiedlichen Anströmgeschwindigkeiten gesetzt. Auch das Phänomen des Übergangsauftriebs wird entzaubert.

Abb. 102: **Sobald der Hubschrauber zufriedenstellend beherrscht wird, ist die Versuchung, seine Wendigkeit auszuprobieren, doch recht groß.**

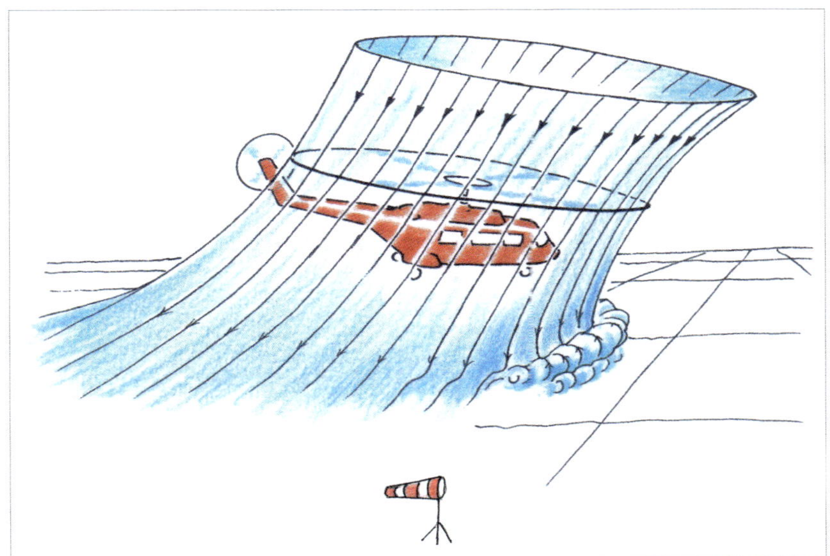

Abb. 103: **Während dieser Hubschrauber über einer Stelle schwebt, kann er sich rein aerodynamisch im Vorwärtsflug befinden, sobald er die „Schwelle" zum sogenannten Übergangsauftrieb überschritten hat.**

Vorwärtsflug des Hubschraubers

Es klingt zunächst unglaubwürdig, aber der Hubschrauber kann, auch wenn er über einer Stelle über dem Boden schwebt, sich im Vorwärtsflugzustand befinden. Aerodynamisch entscheidend ist lediglich seine Eigenbewegung innerhalb der ihn umgebenden Luftmasse. Ab welchem Zeitpunkt und unter welchen Bedingungen der Fahrtzustand erreicht oder wieder verlassen wird, ist typenabhängig, aber nicht gravierend unterschiedlich. Diese „Schwelle" kann bei leichteren Mustern ca. acht Knoten betragen und bei schwereren Typen über 20 Knoten. Die Rotorkreisflächenbelastung ist mitentscheidend. Wenn also der Hubschrauber über einer Stelle bei ca. 20 Knoten Gegenwind steht, befindet er sich in Vorwärtsfahrt und im Übergangsauftrieb, das bedeutet sogar weniger Leistungsaufwand als im Hoverzustand im Bodeneffekt.

Abb. 104: **Sobald die Hauptauftriebskomponente geneigt wird und einen Teil der horizontalen Komponenten abgibt, setzt ein Absinken ein. Dies dauert bis zum Eintritt in den Übergangsauftrieb.**

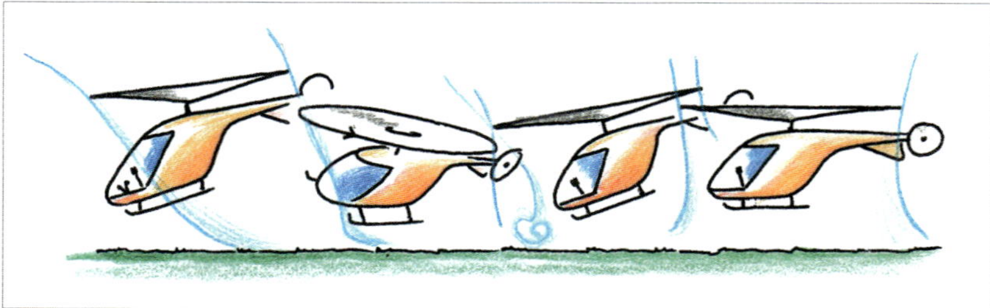

Abb. 105: **Der am Boden auftreffende Rotorstrahl verändert seine Gestalt, sobald er unter bestimmten Winkeln am Abfluss gestört, durch Verwirbelung aufgehalten oder frei abfließen kann.**

Im stationären Schwebeflug wird erheblich mehr Leistung für konstante Höhe benötigt – sogar im Bodeneffekt. Wird nun das Bodenpolster nach vorne verlassen (gilt für alle Richtungen), um Fahrt aufzunehmen, wird der Hubschrauber zunächst abhängig von Rotorleistung und Neigung der Rotorebene etwas absinken.

Der Gesamtauftrieb neigt sich vorwärts, die horizontale Schubkomponente entsteht. Besonders im Bodeneinfluss macht jetzt der Rotorstrahl eine Wandlung durch. Beim Verlassen des Bodeneffekts wird der Schubverlust durch leichte kollektive Vergrößerung kompensiert. Das Strömungsbild des Rotorstrahls ändert sich. Mit einem wirklich banalen Vergleich kann man die Strömungsfäden darstellen: Ein Rasierpinsel, senkrecht auf einer Ebene aufgedrückt, sodass die Borsten radial nach außen gespreizt werden, demonstriert die am Boden aufkommenden Strömungsfäden im Bodeneffekt. Bei beginnender seitlicher Bewegung in gleicher „Höhe" geraten die vorderen Stromlinien in Konfusion. Der Rotorstrahl „stolpert" über den vorderen Wirbel am Boden, bevor dieser dann doch unter dem Hubschrauber wegfließt und sich die seitlichen bodennahen Strömungen zunehmend nach hinten richten.

Abb. 106: **Beim Verlassen des Bodeneinflusses und Eintritt in den Übergangsauftrieb entwickelt sich eine unruhige Fluglage. Das vorlaufende Blatt regt eine Rollbewegung an und der Heckrotorschub nimmt zu.**

Übergangsauftrieb

Dies ist dann der Zustand, bei dem der sogenannte Übergangsauftrieb spürbar einsetzt (translational lift). Legen wir einen Hubschrauber mit linksdrehendem Rotor (von oben gesehen) zugrunde, wird beim Eintritt des Übergangsauftriebs ein Aufrichten, verbunden mit einer Rollbewegung links und einer Gier nach links, deutlich. Dies kann in schwingungsreicher Form auftreten, was Ungeübte zu unerwarteter Mehrfacharbeit zwingt.

Die Gier kommt durch den einsetzenden Leistungsüberschuss des Heckrotors zustande. Die vehemente Wirkung des translational lift äußert sich in starkem Drang zum Wegsteigen.

Während des Starts drückt man so weit nach bzw. neigt die Rotorebene so weit vorwärts, dass diese Tendenz in Steigleistung und/oder Fahrtgewinn umgesetzt wird.

Der Überschuss der Heckrotorleistung, der sich in Drift nach rechts äußert, „Transition" genannt, wird in unserem Fall durch Verkleinerung der Heckrotorleistung mit rechtem Pedalausschlag zurückgenommen. Dies kommt dem gesamten Leistungshaushalt zugute. Würde der Helikopter jetzt nur mehr senkrecht mit kaum anliegender Fahrt wegsteigen, geriete er bei Triebwerksstörung oder -ausfall in einen für Notlandung gewagten Bereich. In einem solchen Fall muss die Höhe über Grund für das Anfachen einer Autorotation ausreichen – oder die Restdrehzahl zum Abfangen genügen.

Der Übergangsauftrieb setzt ab ca. einem Dutzend Knoten Fahrt ein, so bei den gebräuchlichen Hubschraubern der 2- bis 5-Sitzer. Durch die Eigenbewegung des Hubschraubers mit überwiegend horizontal bewegter Rotorebene mit Neigung nimmt die durch diese geförderte Luftmenge pro Zeiteinheit zu, der induzierte Widerstand nimmt ab. Die Fahrt für das steilste Steigen (V_x) oder für bestes Steigen (V_y), die nicht sehr weit auseinander liegen, beträgt häufig um die 40 bis 60 Knoten. Die Geschwindigkeit für geringsten Leistungsbedarf bzw. die größte Flugdauer liegt darunter, während jene für größte Reichweite deutlich darüber liegt. Auch hier wird der Kompromiss aus Rotorleistung und Gesamtwiderstand genutzt.

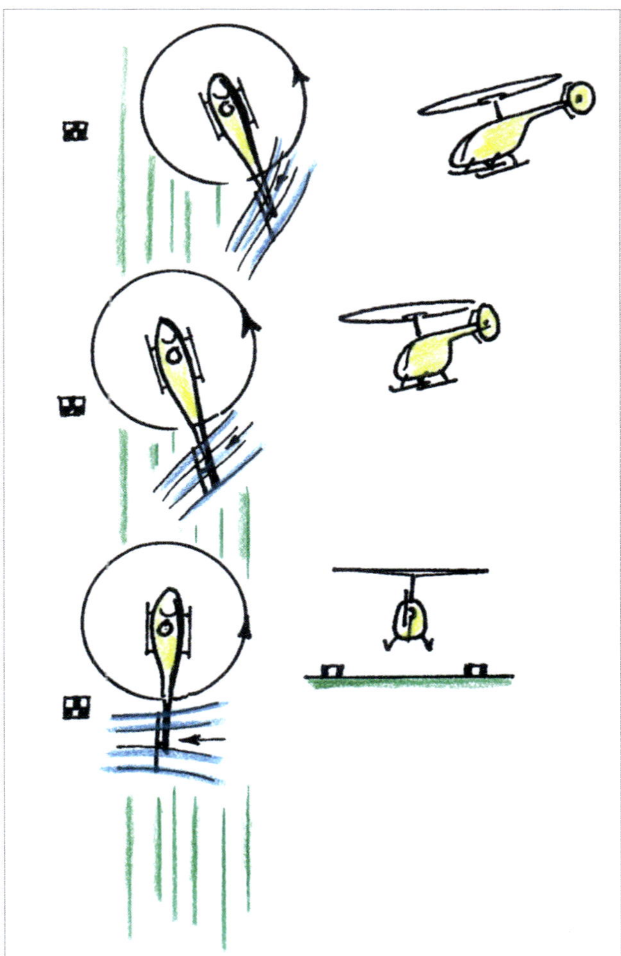

Abb. 107: **Diese Reaktion beim Beschleunigen in die Fahrt und das dazugehörige Verhalten des Heckrotors werdenTransition genannt. Das Verhalten gleicht in Miniatur jener der Hauptrotorkreisfläche.**

Je mehr die Rotorebene vorwärts geneigt wird, umso kleiner ist die Vertikalkomponente des Rotorschubes. Da nun bei Fahrt die zeitlich durchströmte Luftmenge durch den Rotor zunimmt, braucht bis zu einer bestimmten Geschwindigkeit keine Leistung zugeführt zu werden. Erst in einem höheren Fahrtbereich wird eine größere Einstellung der Rotorblätter erforderlich. Siehe Zeichnung „Leistungsbedarf des Hubschraubers".

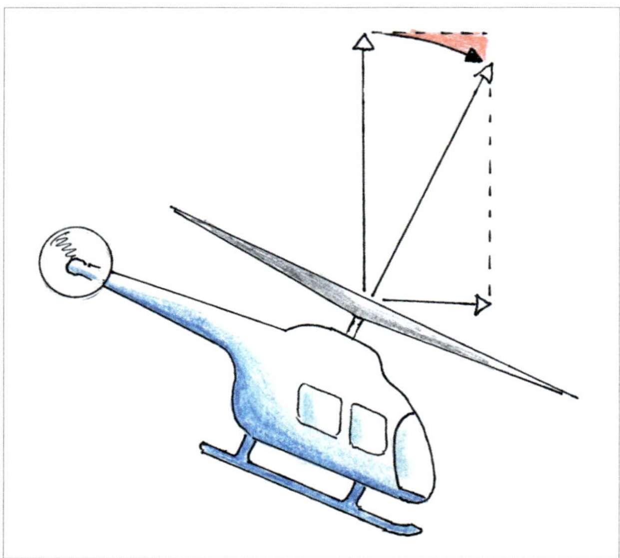

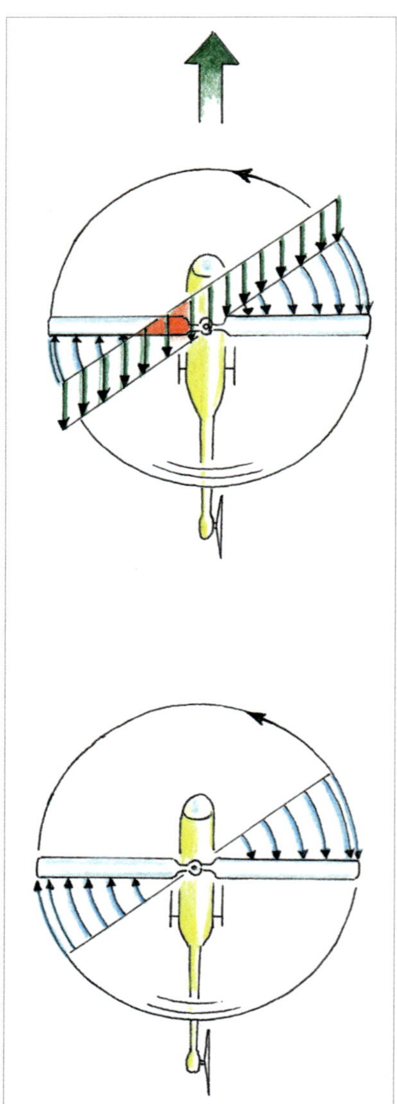

Abb. 108: **Mit zunehmender Neigung des Hauptrotors – unabhängig von der Richtung – nimmt die vertikale Schubleistung ab und die horizontale zu.**

Abb. 109: **Oben rechts: Die Anströmung aus der Vorwärtsfahrt erhöht die Anströmgeschwindigkeit am vorlaufenden Blatt, während sie am rücklaufenden subtrahiert.**

Sobald der Hubschrauber Fahrt aufholt, mutiert die bislang symmetrische Durchströmung des Rotors in eine unsymmetrische. Dies bedeutet, dass an dem Blatt, das sozusagen in Querabposition voll gegen die Flugrichtung dreht, sich der Fahrtwind zu der Anströmung aus der Drehebene addiert und den Auftrieb vergrößert. Gegenüber diesem „vorlaufenden" Blatt dreht das „rücklaufende" aus der Flugrichtung heraus, wobei sich der Fahrtwind von der Anströmung subtrahiert.

Diese Strömungsunsymmetrie bereitete zu Beginn der Drehflüglergeschichte enorme Schwierigkeiten. Die zum Rollen führenden Probleme konnten mithilfe von entsprechenden Gelenken, die am Rotorkopf oder im Blattwurzelbereich bestimmte Bewegungen der Blätter erlauben oder hemmen, gelöst werden. Da aufgrund der ungleichen und ständig wechselnden Luftkräfte die Blätter schlagen und durch auftretende Corioliskräfte schwenken wollen, können sich diese Momente innerhalb der Gelenke und „Weichbereiche" kontrolliert „austoben".

In Zeitlupe

Sobald das vorlaufende Rotorblatt durch die erhöhte Anströmung und

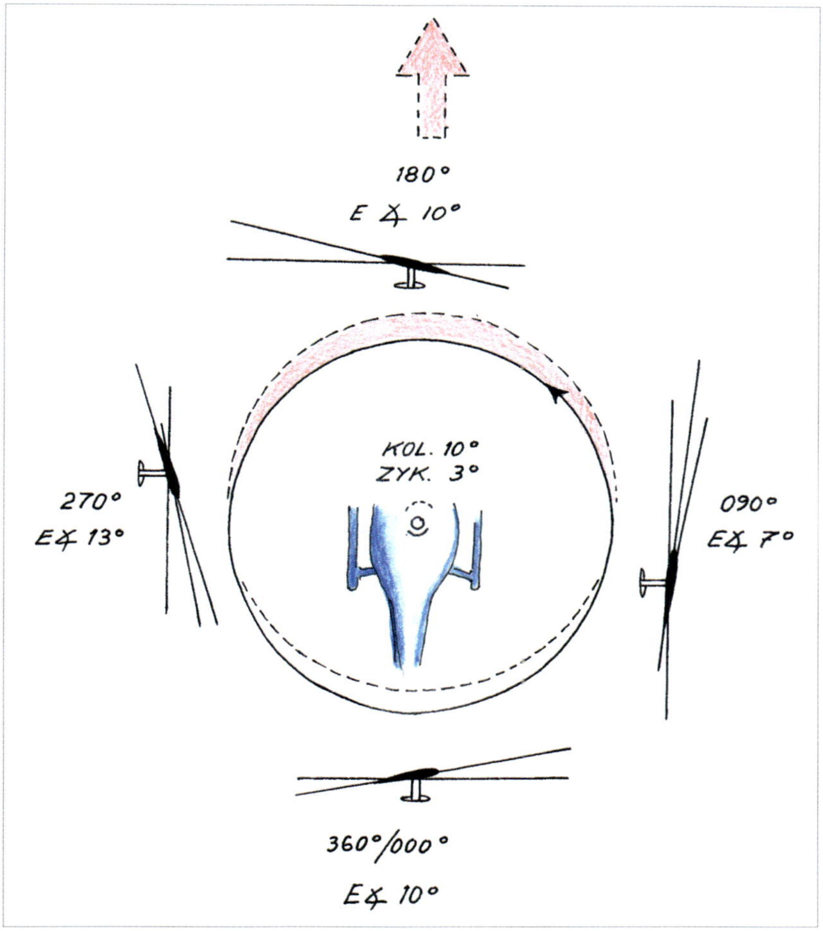

Abb. 110: **Während des Vorwärtsfluges muss die Rotorkreisebene vorwärts geneigt bleiben. Dazu wird das rücklaufende Blatt auf eine höhere Bahn gelenkt, während das vorlaufende auf eine absinkende gesteuert wird. Die kollektive Einstellung beträgt 10° und die periodische 3°.**

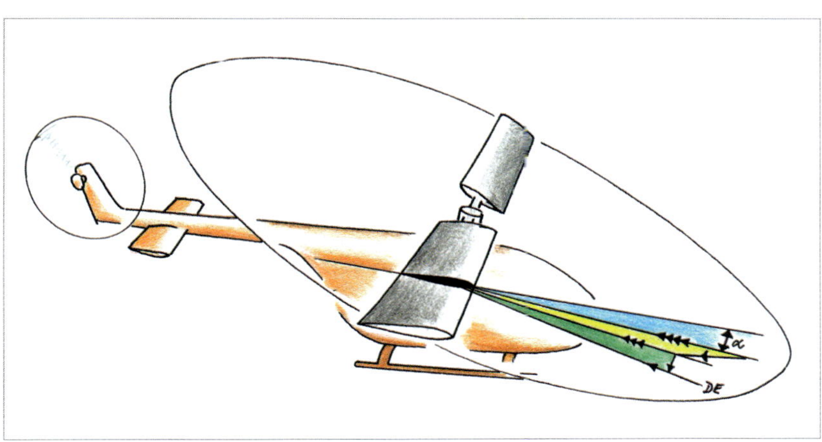

Abb. 111: **Bei der aerodynamischen Betrachtung des vorlaufenden Blattes muss auch die Neigung der Rotorebene bedacht werden. Die Anströmung durch die Fahrt verringert den effektiven Anstellwinkel!**

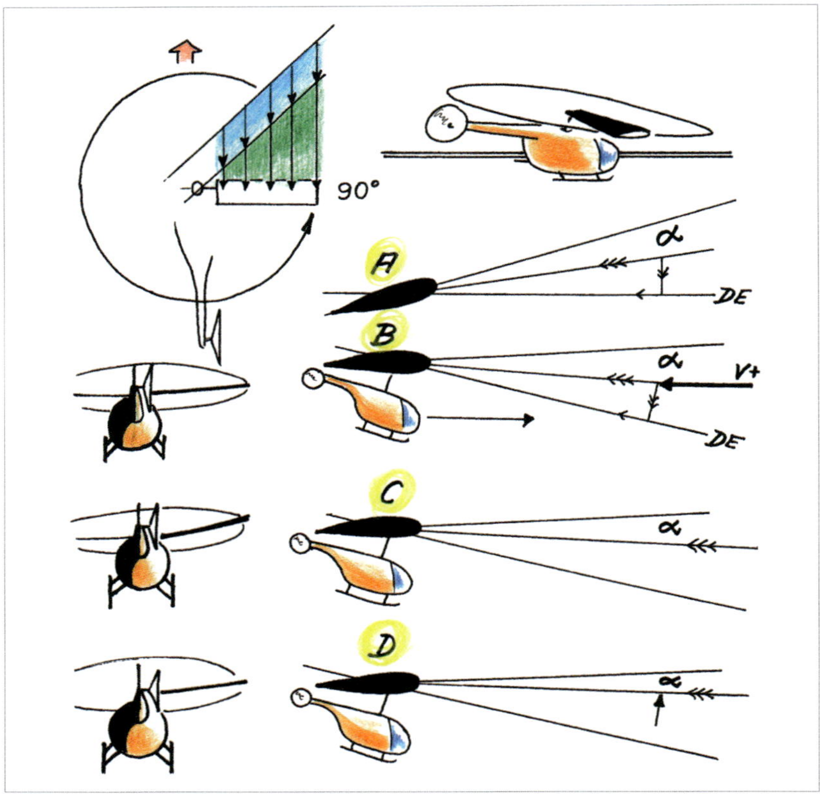

Abb. 112: **Am vorlaufenden Blatt ist außer der Schlagbewegung auch die Wirkung des Fahrtvektors auf die Verkleinerung des Anstellwinkels sichtbar.**

Mehrauftrieb nach oben „schlägt", ändert sich die effektive Anströmrichtung und verkleinert den effektiven Anstellwinkel, das Blatt steigt nicht weiter. Erwähnenswert ist auch der Umstand, dass durch Neigung des Rotors in Vorwärtsrichtung die Komponente der Fahrt am vorlaufenden Blatt von oberhalb der effektiven Anströmrichtung wirkt und den effektiven Anstellwinkel zusätzlich verkleinert. Die Schlagbewegung wird also etwas gehemmt. Am rücklaufenden Blatt herrschen mehr gegensätzliche Verhältnisse. Durch Abnahme der Anströmgeschwindigkeit aufgrund der Fahrt sinkt das Rotorblatt. Bei dieser Abwärts-Schlagbewegung ergibt sich hier ein größerer Anstellwinkel und ein weiteres Schlagen wird aufgehalten.

Betrachtung eines Blattelements am vorlaufenden Rotorblatt

[Abb. 112]

A: Zum Vergleich die Strömungsvektoren während des stationären Schwebefluges.

B: Geneigte Drehebene DE, Anströmung aus dem horizontalen Vorwärtsflug V bringt Geschwindigkeitszuwachs. Blatt steigt an, effektive Anströmrichtung hebt an, der effektive Anstellwinkel verringert sich.

C: Das Ansteigen des Blattes wirkt so,

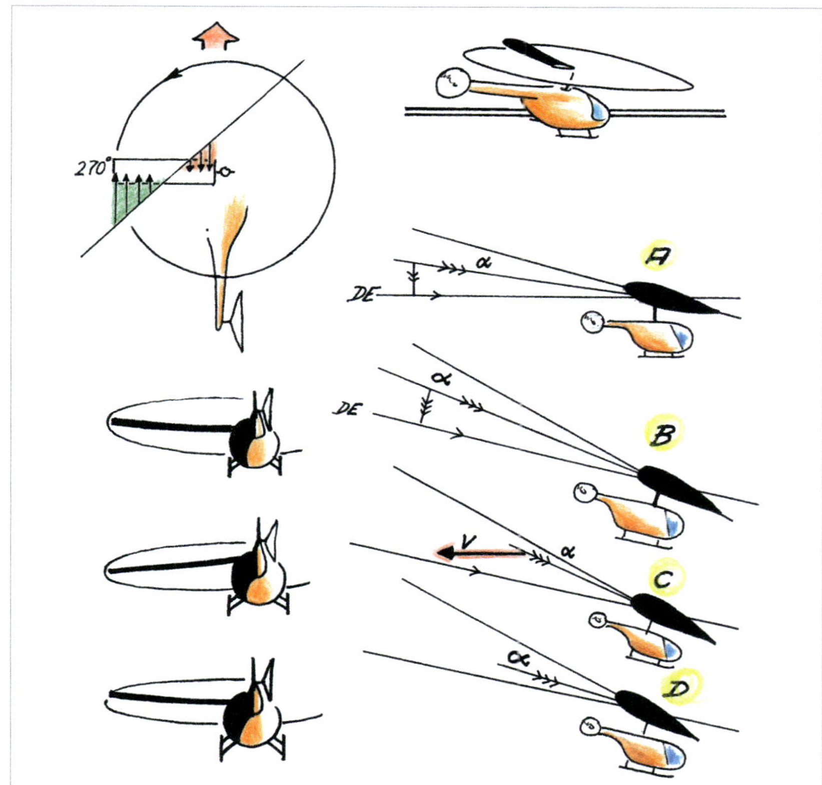

Abb. 113: **Beim rücklaufenden Blatt wird durch Abwärtsschlagen der Anstellwinkel vergrößert, es sinkt dadurch nicht weiter und verbleibt auf seiner „Flugbahn".**

dass eine kleine Anströmungskomponente von oben entsteht.
D: Dadurch vermindert sich der effektive Anstellwinkel weiter sowie der Auftrieb. Das Rotorblatt bleibt auf der vorgesehenen Drehebene und erreicht den tiefsten Punkt in der 180°- Position, bevor es zum rücklaufenden Blatt wird.

Betrachtung eines Blattelements am rücklaufenden Rotorblatt

[Abb. 113]
Zum Vergleich die Strömungsvektoren während des stationären Schwebefluges.
A: Stationärer Schwebeflug.
B: Geneigte Drehebene.
C: Anströmkomponente aus dem Vorwärtsflug ergibt Geschwindigkeitsverlust, Blatt sinkt.
D: Durch das Nachuntenschlagen des Blattes entsteht eine aufwärts gerichtete Komponente, wodurch der Anstellwinkel vergrößert wird und der Auftrieb wieder entsprechend zunimmt. Außerdem wird das Blatt periodisch zum Ansteigen auf der Blattspitzenebene gesteuert.

Grenzen des Vorwärtsfluges

Mit Zunahme der Fahrt nimmt die Anströmgeschwindigkeit am rücklaufenden Blatt so weit ab, dass in dessen Wurzelbereich fortschreitend nach

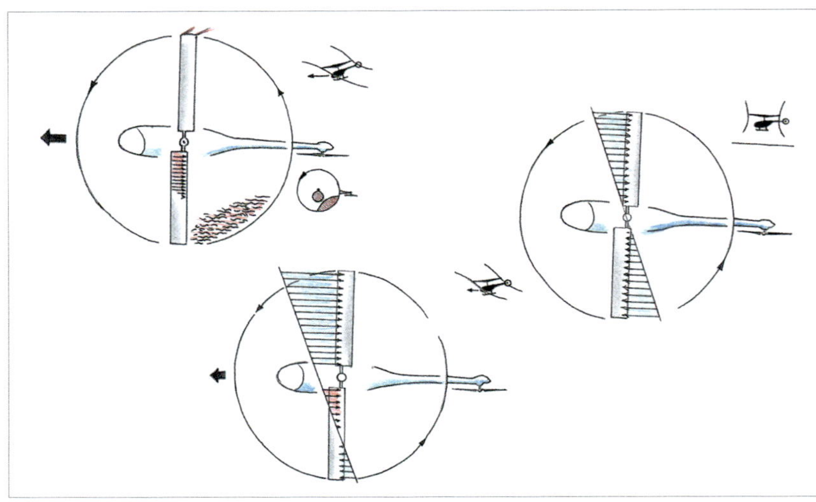

Abb. 114: **Drei verschiedene Flugzustände: Schwebeflug, Vorwärtsfahrt und Grenzzustand im kritischen Fahrtbereich. Dazu das Gebiet mit Rückanströmung und der Bereich mit Strömungsablösung.**

außen sich sogar ein Gebiet mit Rückanströmung bildet. Hier wirkt sich die Fahrtkomponente stärker aus als die Anströmung aus der Drehebene. Dieser Auftriebsmalus kann aber über die periodische Steuerung und die Hebelwirkung der äußeren Blattpartien mit deren noch „gesunder“ Strömung kompensiert werden. Allerding nur, bis im linken hinteren Quadranten der Strömungskollaps überhand nimmt.

Am vorlaufenden Blatt kann eine zusätzliche Einschränkung auftreten: Der Kompessibilitätseffekt. Im äußeren Bereich des vorlaufenden Blattes kann die zu hohe Anströmgeschwindigkeit zur Bildung von Schockwellen führen. Folge ist eine große Widerstandszunahme. Siehe auch Kapitel 9.

In dieser Darstellung ist die Verkleinerung des effektiven Anstellwinkels durch den Fahrtvektor am vorlaufenden Blatt ersichtlich. [Abb. 115]

Noch eine Tendenz [Abb. 116]

Bei Vorwärtsfahrt erfährt die hintere Partie der Rotorkreisfläche eine größere vertikale Durchtrittsgeschwindigkeit

Abb. 115: **Hover- und Vorwärtsflug.**
1 Rotornormalebene,
2 Anströmung aus der Rotorebene,
3 Senkrechte Durchtrittskomponente,
4 Effektive Anströmung des Blattes,
5 Induzierter Anstellwinkel,
6 Effektiver Anstellwinkel,
7 Einstellwinkel,
8 Einfluss der Vorwärtsfahrt.

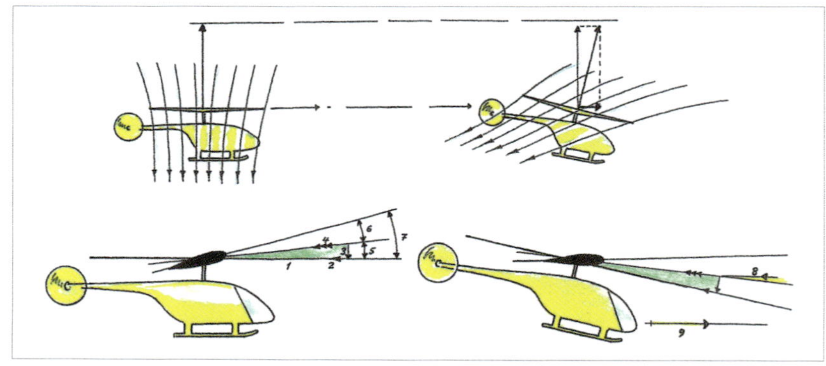

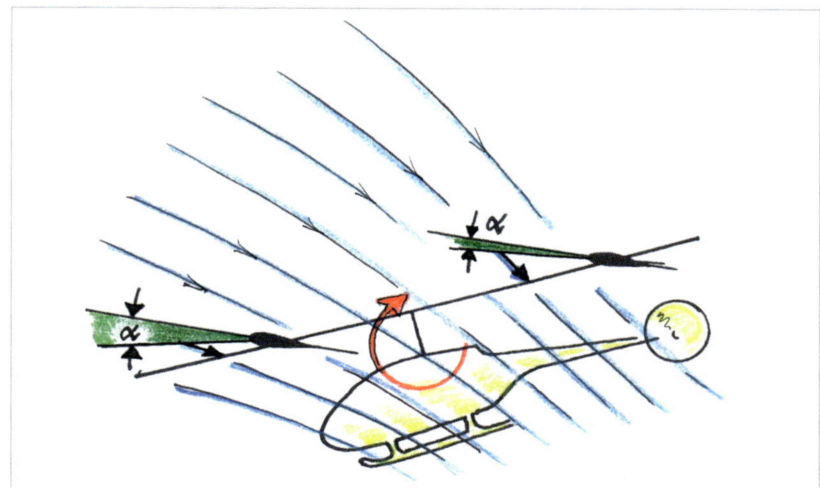

Abb. 116: **Auch ein Grund für die ständige Aufrichttendenz: Die vertikalen Durchtrittskomponenten sind vorne und hinten unterschiedlich, auch die effektiven Anstellwinkel.**

als die vordere, wodurch der effektive Anstellwinkel kleiner und der Auftrieb geringer ist. Dadurch bäumt sich der Drehflügler ständig auf. Ein konstantes Nachdrücken mit dem Stick oder mittels der Trimmung unterstützt die Fluglage.

Während der Beschleunigungsphase zeigt zunächst die Rotorschubachse hinter dem Schwerpunkt vorbei, dadurch entsteht Kopflastigkeit. Der Rumpf neigt sich durch den wachsenden Widerstand solange vorne abwärts, bis die Wirkungslinie des Rotorschubes wieder durch den Schwerpunkt verläuft. Kolbenmotorgetriebene Hubschrauber ohne Drehzahlregler zeigen beim Eintritt in den Übergangsauftrieb durch dessen aerodynamische Vorzüge einen Trend zur Überdrehzahl. Diese wird in der Praxis „weggepitched".

Die Darstellungen zeigen die Kräftevektoren während des Horizontal-, Steig- und Sinkfluges.

Kleine Ursachen können auch größere Wirkung haben. Bei Vorwärtsfahrt fließen Wirbelzöpfe der Blattenden durch Ablenkung unter dem nachfolgenden Blatt durch. Bei entsprechender Nähe können sie dessen Aerodynamik leicht beeinflussen. Der rotierende Wirbel wirkt mit seinen auf- und abwärts drehenden Anteilen auf die vertikale Durchströmung der dahinter rotierenden Blätter ein. [Abb. 120] Durch Änderung des effektiven Anstellwinkels wird innerhalb eines kurzen Blattsegments unterschiedlicher Auftrieb erzeugt. Auch diese „Mini"-Strömung kann Schwingungen anfachen. Gelegentlich kann hohe Luftfeuchte bei ihrer Kondensation die Wirbel sichtbar nachbilden.

Kurvenflug

Zum Einleiten einer Kurve im Horizontalflug bewegt man den Stick in die beabsichtigte Richtung. Durch Neigen der Rotorkreisebene in die entsprechende Lage verschiebt sich die horizontale Schubkomponnte, wodurch der Hubi in diese Richtung kurvt.

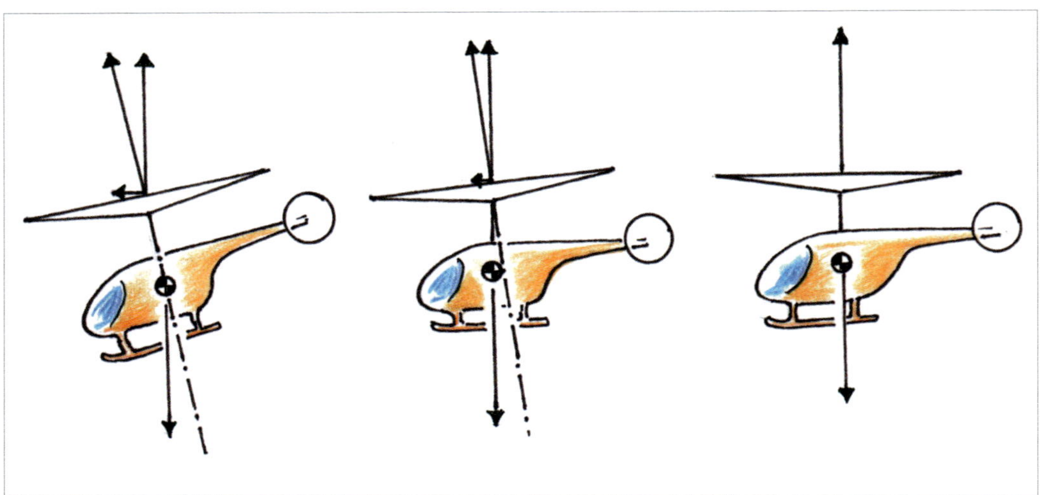

Abb. 117: **Mit der Neigung der Hauptrotorfläche zeigt die Schubachse in verschiedenen Fluglagen am Schwerpunkt vorbei, bis nach stabiler Fluglage die Wirkungslinie durch diesen führt.**

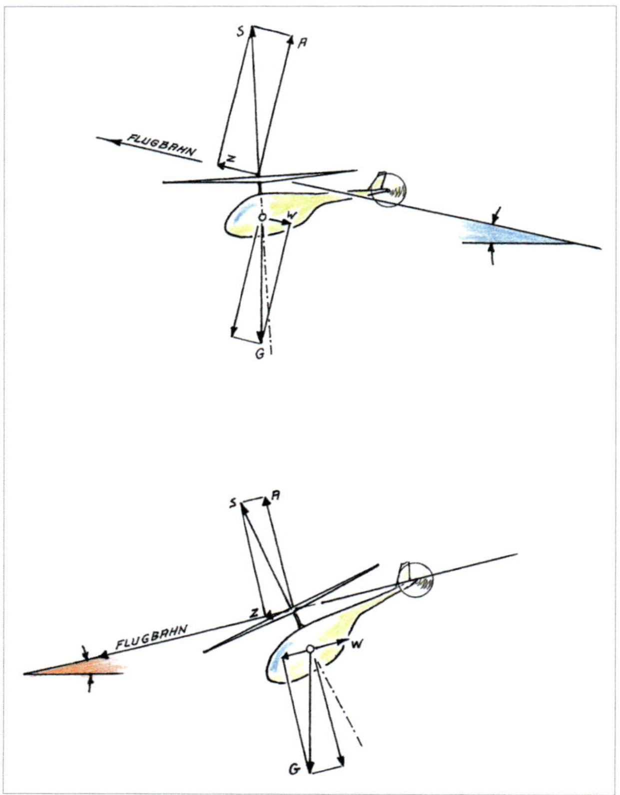

Abb. 118: **Die Kräfteparallelogramme deuten jeweils auf die Wirkungslinie des Rotorschubes durch den Schwerpunkt hindurch während des Steig- und des Sinkfluges.**

Nach Einnahme der erforderlichen Schräglage muss der Stick wieder zur ursprünglichen Position zurückgenommen werden, da sonst die Querlage zu steil werden kann. Durch diese Fluglage verkleinert sich der Vertikalschub.

Damit ein Sinken oder Fahrtverlust während der Kurve verhindert wird, erhöht man die kollektive Pitch-Einstellung. Dem sich dabei ändernden Drehmoment wird mit Pedal begegnet. Bei den meisten Hubschraubern ist für den Einleitvorgang kein oder minimaler Pedalimpuls erforderlich. Durch Hinzukommen der Zentrifugalkraft erhöht sich die Kurvenkraft, die Rotorschubkomponente muss erhöht werden, da die senkrechte Auftriebskomponente nicht für konstante Höhe ausreicht. Übliche Querlagen (bank) sind 25–30°, während des Steigfluges wählt man aus Leistungsgründen deutlich weniger. Zu steiles Kurven verringert zwar den Radius, kann aber an die Leistungsgrenze führen.

Apropos Pedalarbeit in der Kurve: Es kommt vor, dass in einer Linkskurve das rechte Pedal betätigt werden muss, um den Flugzustand „stilrein" zu halten, nämlich beim Einleiten einer Sinkflugkurve nach links. Auch das linke Pedal wird erforderlich, wenn in einer Rechtskurve Leistung zugeführt wird. Beides eine Ursache des Drehmoments.

Landung [Abb. 123]

Der Punkt, an dem ein Landeanflug begonnen wird, hängt von verschiedenen Faktoren ab. In der Platzrundenschulung wird bereits das Planen von ver-

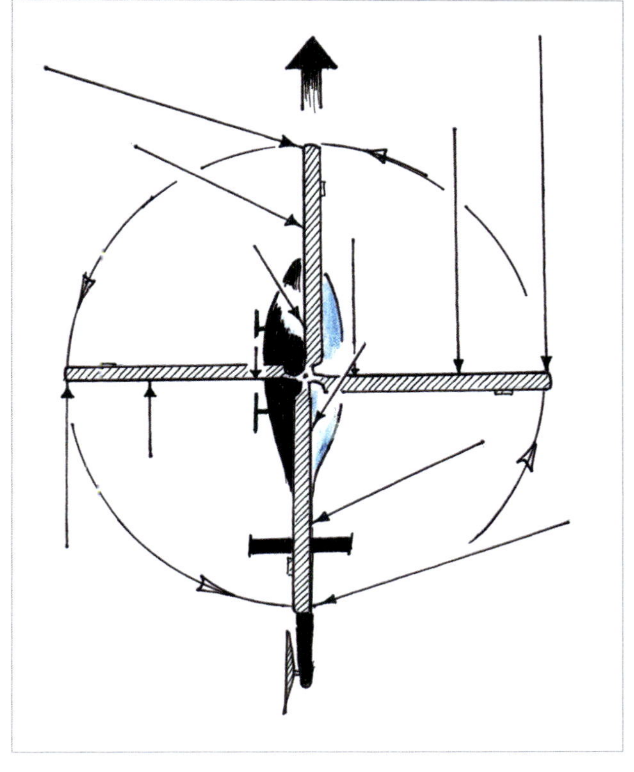

Abb. 119: **Draufsicht auf die jeweils resultierende Anströmrichtung während der Vorwärtsfahrt. Die Pfeile stellen die Richtung und verhältnismäßige Geschwindigkeit ohne Dimensionierung dar.**

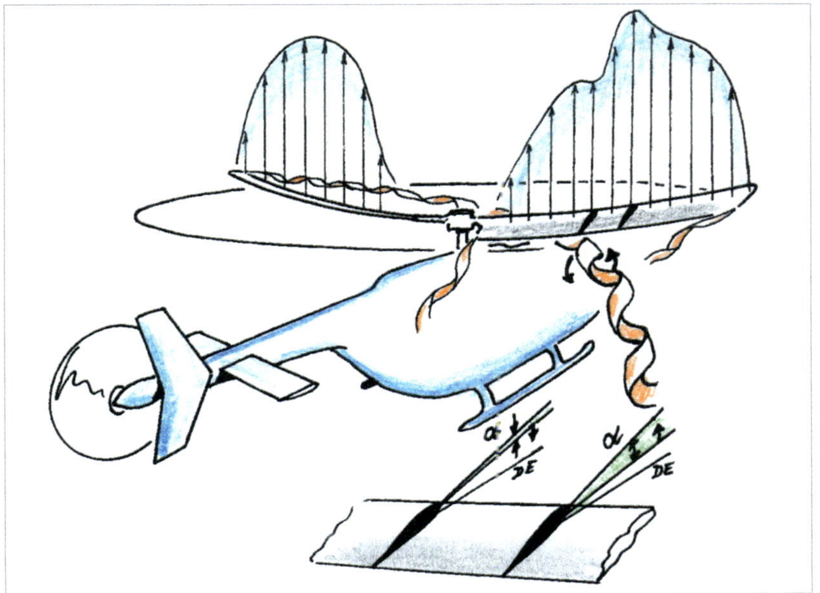

Abb. 120: **Das nachfolgende Blatt kann durch kleine Wirbel des vorausrotierenden Blattes partiell getroffen werden, wobei kleine Anströmwinkelunterschiede auftreten können.**

Abb. 121: **Das Einleiten der Kurve geschieht sinngemäß wie mit einem Starrflügler. Der Kurvenradius ist von der Querlage abhängig.**

schiedenen Anflugmustern demonstriert, wobei hier noch unter idealen Bedingungen trainiert wird. Später in der Praxis müssen hinsichtlich Anflugweg, Windrichtung, Hinderniskulisse, Notlandemöglichkeit, Umweltrelevanz und speziell Anflugwinkel strengere Regeln befolgt werden.

Der übungsmäßige Landeanflug verläuft auf einem Gleitpfadwinkel von 12° bei einer im Flughandbuch gesetzten Fahrt und möglichst gegen die Windrichtung. Während eines steileren Anfluges kann die Fahrt nicht so lange gehalten werden wie bei einem flacheren „Approach", weil der Übergangsauftrieb rascher aufgegeben und die Leistung dementsprechend vehement zugeführt werden muss. Hierbei stabilisiert sich der Rumpf wegen geringer Fahrt schlechter und die übergangsauftriebslose Strecke ist größer. Ggfs. wird sehr hoher Rotorschub erforderlich, was bei einer bereits einsetzenden hohen Sinkrate und fast Null Fahrt auch ins Wirbelringstadium führen kann. Deshalb soll kurz vor dem Auftreten der ersten Symptome des Wirbelringstadiums die Leistung „parat" gehalten werden, damit rechtzeitig die „Leistungsdelle" zwischen dem Übergangsauftrieb und dem Bodeneffekt überbrückt wird.

Während des Landeanfluges müssen mehrere Faktoren harmonieren. Die gesamte Strecke soll sich möglichst im sicheren Spektrum des Höhen/Fahrt-Diagramms bewegen. Ein Kompromiss wird versucht zwischen a): genügend Fahrt, dadurch gute Steuerbarkeit und langem Verbleib im „Translation lift", somit guter Kontrollierbarkeit des Flugweges und der Flugbahn, Leistungsreserve, flachem Winkel und dadurch möglichst idealer Fahrt. Und b): einem zu steilen Winkel mit wenig Fahrt und Nähe zum Wirbelringstadium. Generell muss auch eine Autorotations-, also Notlandemöglichkeit bis zum Boden einge-

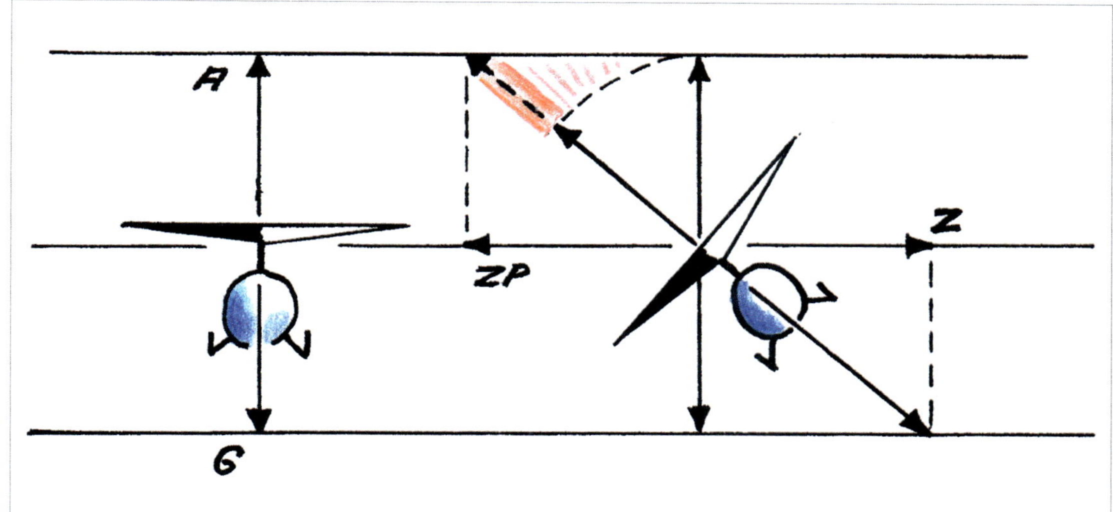

Abb. 122: **Die koordinierte und stabilisierte Kurvenlage erfordert hier Mehrschub, da die Rotorschubkomponente geneigt ist und der vertikale Anteil abgenommen hat.**

räumt sein. Der Anflugwinkel schließt einen Kompromiß zwischen bestmöglicher AR-Chance, Hindernisfreiheit und unproblematischem Übergang in den Schwebeflug.

Die Landephase stellt ein „Jonglieren" mit Übergangsauftrieb, Bodenpolster, der dazwischen erforderlichen Leistungszufuhr und der zuweilen zügigen Korrektur der Fluglageänderungen bei Wechsel des Rotorstrahlgebildes dar. Hierbei werden bestimmte Bauteile und Rumpfsektionen einem aerodynamischen „Wechselbad" ausgesetzt und einige Momente um sämtliche Achsen angeregt.

Wird der Rotor zwecks Fahrtminderung mit wenig Schub stark aufgerichtet und zögert man mit Leistungszufuhr zu lange, können sich hieraus die Bedingungen für das Sinken im eigenen Rotorabwind entwickeln. Der Sinkwinkel wird auf verschiedene Art gesteuert. Liegt genügend Fahrt an, so kann fast wie in „Flächenflug"-Manier ein zu steiler Anflug durch Ziehen des Stick korrigiert und ein Wegsteigen vom Gleitpfad durch Drücken pariert werden. Bei passender Fahrt wird zur Sinkwinkelsteuerung der Pitch gehoben oder gesenkt. Auch die Kombination ist möglich.

Beim Übergang in den Hoverflug ist bei diverser Gestaltung des Heckauslegers und der Drehrichtung des Heckrotors bei Leistungszufuhr ein Moment auch um die Hubschrauber-Querachse spürbar. Durch Beaufschlagung des horizontalen Stabilisators durch den Hauptrotorstrahl und das eigene Drehmoment des Ausgleichsrotors bäumt sich der Hubschrauber auf. Die Rotorkreisfläche, die bereits zur Fahrtverringerung zurückgeneigt ist, stellt sich weiter auf und bewirkt eine Zunahme der rückwärts gerichteten Schubkomponente. Die Fahrt baut rapide ab, die Sinkrate nimmt „rücklings" zu. Hier ist es wichtig, das eigene natürliche Empfinden zu unterdrücken,

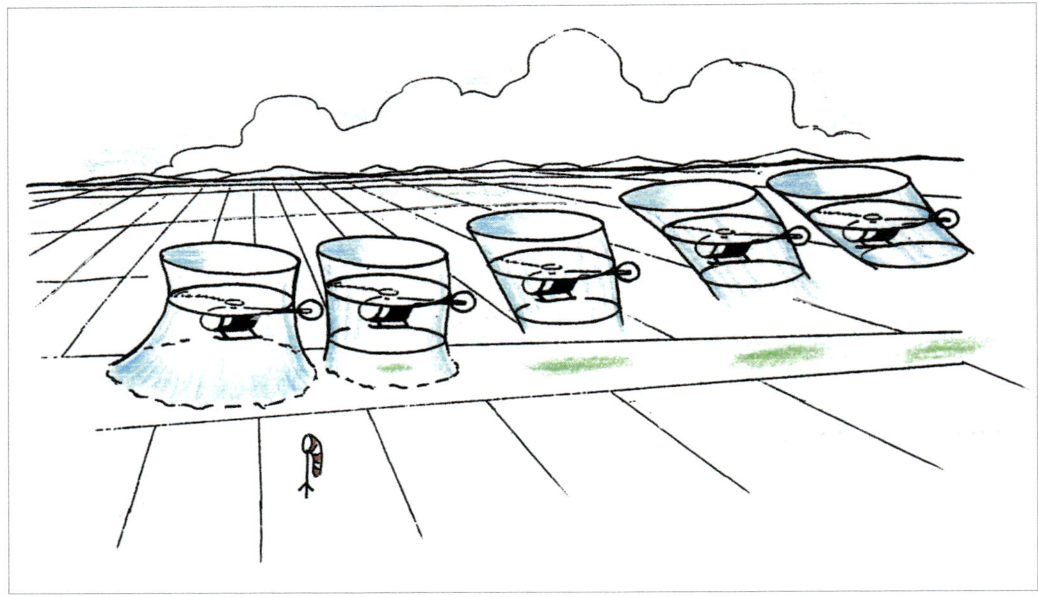

Abb. 123: **Während des Anfluges und der Landung ändert sich fahrtabhängig die Gestalt des Rotorstrahls. Zwischen „Genuss" des Übergangsauftriebs und dem Bodenpolster besteht eine „Leistungsdelle", der rechtzeitig mit Rotorschub begegnet wird. Innerhalb der Belastungsgrenzen, ob „brave" Manöver oder Kunstflugübungen, in beiden Kategorien muss das aerodynamische und das beschleunigungsrelevante Profil beachtet werden.**

welches zum Ziehen am Stick – zum Stehenbleiben – verführt. Für Flächenpiloten ist dies zunächst eine Phase der Überwindung. Hier muss man nachdrücken, dass der Hubschrauber zumindest in Normallage vorwärts sinkt. Das zunehmende Drehmoment wird mit Pedalarbeit kompensiert. Erfolgt dies verzögert, giert der Hubschrauber bereits stark, und bei der plötzlichen Schuberhöhung des Heckrotors kann sich deutlicher Drehzahlabfall entwickeln.

Der Rotorstrahl eines Hubschraubers ändert mit dessen Fahrt seine Form und Richtung – somit auch beim Übergang vom Anflug mit Vorwärtsfahrt in den Schwebeflug auch die „Blaswirkung".

Besonders im unteren Fahrtspektrum scheinen einige Hubschrauber ein Eigenleben zu entwickeln, was aber beherrschbar ist.

Selbst bei absoluter Windstille demonstriert der Hubschrauber seine vielfältigen aerodynamisch bedingten Eigenarten, die scheinbar bei böigen Windverhältnissen „kaschiert" oder unter bestimmten Bedingungen sogar teilweise verstärkt werden.

Hier ist die Fähigkeit des Piloten gefragt, Tendenzen hinsichtlich Fluglageänderung und Leistungswechsel sozusagen vorauszusehen und mit den angemessenen Steuerreaktionen zu agieren. Die Steuereingaben sollen nicht „probeweise" erfolgen, sondern in der richtigen Dosierung angewendet werden. Stark wechselnde Windstärke kann bei einer Fluggeschwindigkeit an der Grenze des Übergangsauftriebs zu dessen plötzlichen Verlust oder Wiedereintritt führen, was einen abrupten Wechsel der Fluglage herbeiführt. Auch hier ist der gelingende Versuch des „Vorausahnens" von Vorteil.

Abb. 124: **Genau wie hier gezeigt verhalten sich die Strömungsbedingungen im Autorotationszustand – in der Selbstdrehung.**

RUNDUM BEWEGLICH

Während der Hubschrauber im Schwebeflug großes fliegerisches Geschick beansprucht, wird der Vorwärtsflug eher als Erleichterung empfunden. Das ist darin begründet, dass dieser Flugzustand vergleichsweise stabil ist und sich dem eines Starrflüglers annähert. Obwohl auch in dieser Situation die aerodynamischen Verhältnisse komplex sind, erfolgt der Vorwärtsflug auch in Kurven oder ähnlichen Flugmanövern relativ unproblematisch. Gewöhnungsbedürftig sind Passagen vom Bodeneffekt in den Übergangsauftrieb beim Start und umgekehrt bei der Landung. Zwischen beiden aerodynamischen Hilfen besteht eine „Leistungsdelle", die mit zusätzlicher „Power" überbrückt werden muss. Im Bereich der maximalen Geschwindigkeit treten Strömungsabriss am rücklaufenden und „Schockwellen" am vorlaufenden Blatt auf.

KAPITEL 7

Die Autorotation

Der Hubschrauber fliegt, solange sich sein Rotor im „grünen Bereich" dreht. Dann ist Antrieb gewährleistet und auch die Steuerbarkeit funktioniert. Solange also das Triebwerk die erforderliche Leistung liefert, bietet der Helikopter volle Einsatzfähigkeit innerhalb seines Gebrauchsspektrums. Fällt jedoch der Antrieb aus, wird er sofort zum Tragschrauber. Dieser verfügt jedoch nicht über die direkte Kraftübertragung auf den Rotor, er wird vielmehr durch die durch den Rotorkreis fließende Luftmasse angetrieben.

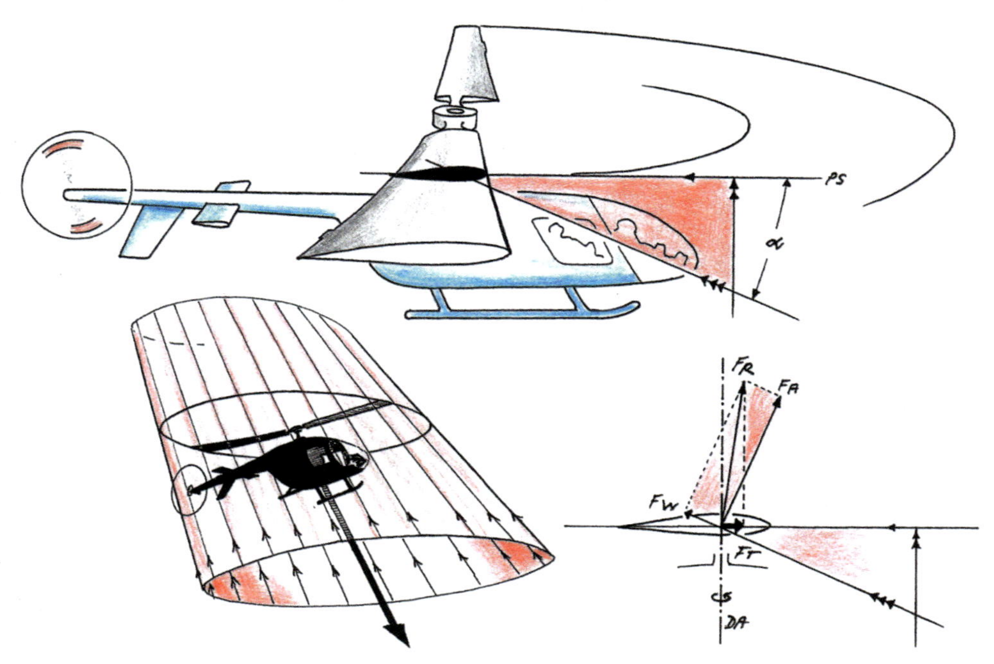

Abb. 125: **Wie hier gezeigt verhalten sich die Strömungsbedingungen im Autorotationszustand – in der Selbstdrehung.**

Die Frage eines Hubschrauberpassagiers, was denn nach Motorversagen passiert, wird erstaunlich selten gestellt. Doch was passiert mit dem Drehflügler tatsächlich, wenn der Antrieb ausfällt? Er fliegt, wenn er ein zweites Triebwerk hat, mit limitierter Leistung weiter. Der einmotorige Helikopter muss dann sein Rotorsystem auf Autorotationszustand umstellen. Dieser Vorgang erfordert allerdings intensive Einweisung.

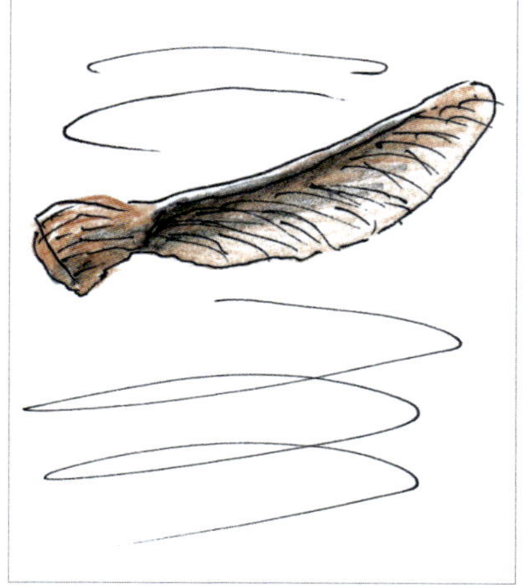

Abb. 126: **Das Ahornblatt dreht sich bei seinem Sinkflug und verdeutlicht den Autorotationszustand: die Eigendrehung. Die Sinkgeschwindigkeit wird verringert und die Reichweite vergrößert.**

Die Eigendrehung – der Natur abgeschaut

Sofern die Bedingungen für den Übergang in den Autorotationsgleitflug gewährleistet sind, kann die Landung sicher und auf kleinstem Raum zu Ende geführt werden. In mancher Hinsicht ist das Verhalten im Autorotationszustand mit dem des beflügelten Samenkorns des Ahornbaumes vergleichbar.

Durch die während des Sinkfluges von unten aufwärts durch den Rotor fließende Luftmasse werden Kräfte erzeugt, die eine erforderliche Drehzahl garantieren. In den „Selbstdrehungs-Zustand" des Rotors wird außerdem übergegangen, wenn ein Sinkflug schneller als mit Motorkraft erforderlich ist, der Drehmomentausgleich ausfällt und gegebenfalls, um das Wirbelringstadium zu beenden.

Um den richtigen Autorotationszustand herbeizuführen, bringt man nach dem Motorausfall den Kollektivhebel sofort in die unterste Stellung (pitch down). Erfolgt die Verkleinerung des Einstellwinkels nicht rechtzeitig auf ein Minimum, erfolgt ein rascher Anstieg des Widerstandes und Absinken der Rotordrehzahl in einen gefährlichen Bereich. Ein zu langes Zögern kann einen zu hohen Drehzahlverlust zur Folge haben, der u. U.

Abb. 127: **Weitere Anlässe für die Autorotation: Sinkflug schneller als im Motorflug, bei Verlust des Ausgleichsrotors und Beendigung des Wirbelringstadiums.**

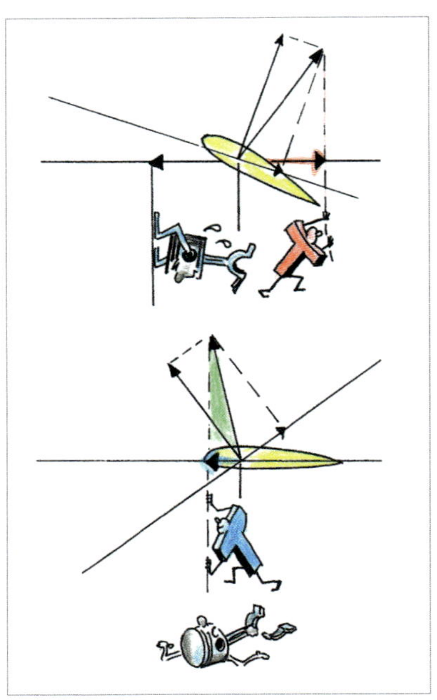

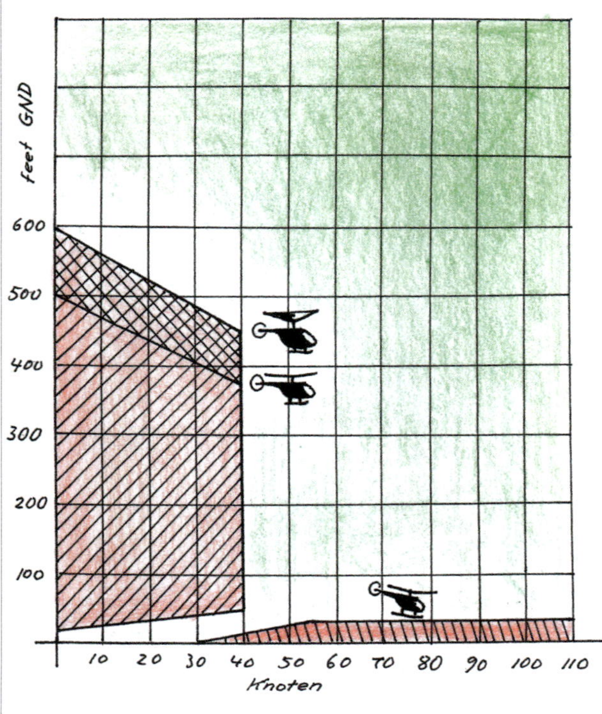

Abb. 128: **Oben links: Der Autorotationszustand ist abhängig von der Durchströmrichtung des Rotors und der Drehzahl, davon wiederum Sinkgeschwindigkeit und Fahrt.**

Abb. 129: **Oben rechts: Bei Triebwerksausfall muss der Blatteinstellwinkel unverzüglich verkleinert werden, damit die aussetzenden Antriebskräfte durch die Selbstdrehungskräfte ersetzt werden.**

Abb. 130: **Das Höhen-/Fahrt-Diagramm zeigt die Konstellationen mit sicherer Übergangsmöglichkeit in den Autorotationszustand sowie auch mit unsicherem Ausgang.**

nicht mehr aufgeholt werden kann. Das zurückgehende Drehmoment um die Hochachse muss man ebenfalls durch entsprechende Heckrotoreinstellung ausgleichen.

Zu diesen äußeren Voraussetzungen gehören genügend Flughöhe über Grund und/oder Fahrt, damit rechtzei-

Abb. 131: **Hier ist der Unterschied der Blatt-Theorie im motorgetriebenen Zustand (oben) und im Autorotationszustand (unten) dargestellt. Man beachte die jeweilige Richtung der Tangentialkraft!**

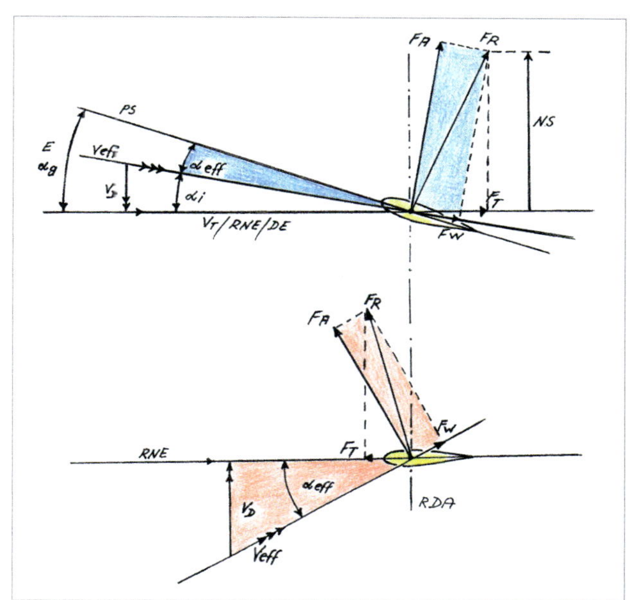

tig in den Autorotationsflug übergegangen werden kann, bevor die Drehzahl zu weit abgebaut hat. **Denn was des Starrflüglers Fahrt – ist des Drehflüglers Drehzahl!**

Aerodynamische Voraussetzungen, Kräfte am Rotorblattprofil dargestellt

Der Vergleich mit einem Blattelement im Zustand des motorgetriebenen Fluges macht deutlich, dass im Autorotationszustand, in dem der Rotorstrahl von unten nach oben durch den Rotor fließt, also die senkrechte Durchtrittskomponente unterhalb der Drehebene steht und die effektive Anströmrichtung ebenfalls von unterhalb dieser Ebene das Profil beaufschlagt. Die Resultierende Luftkraft neigt sich vor die Rotordrehachse DA. Bei senkrechter Projektion auf die Drehebene stellt sich die Tangentialkraft in Drehrichtung dar, somit besteht hier ein antreibendes Blattelement.

Darstellung von drei Blattelementen während der Senkrecht-Autorotation

Bevor die Veränderbarkeit der angreifenden Kräfte am Rotorblatt aufgezeigt wird, hier zunächst ihre Erläuterung im Zustand einer symmetrischen Durchströmung am Beispiel von drei Blattelementen.

Profil im Außenbereich

Im äußeren Teil der Rotorkreisfläche steht die effektive Anströmung so flach, dass die Resultierende hinter der Rotordrehachse bleibt. Die Tangentialkraft wirkt hier der Drehbewegung entgegen und bremst. Wie in der Ab-

Abb. 132: **Drei Blattelemente während der Senkrecht-Autorotation mit jeweils abnehmender Wirkung der antreibenden Tangentialkraft zum Rotorblattende hin.**

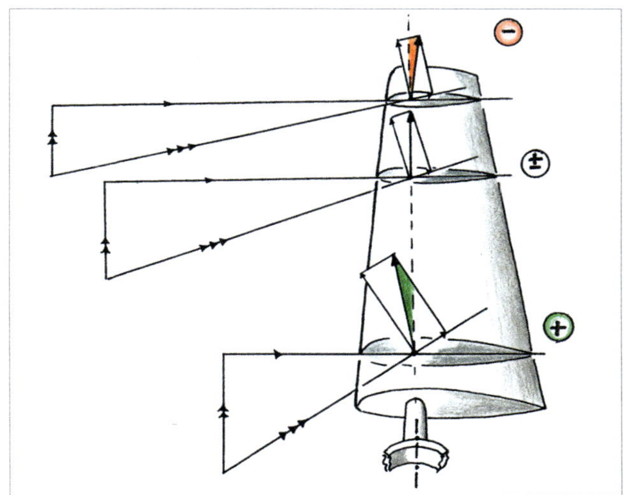

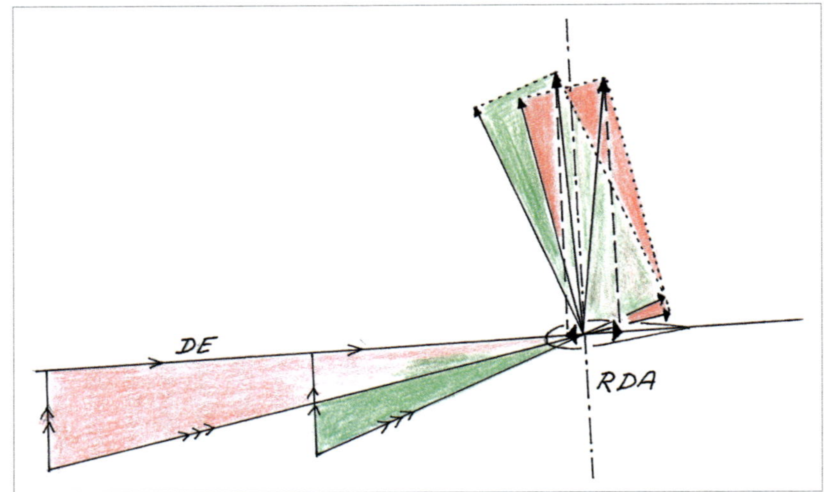

Abb. 133: Die Verschiebung der Strömungsdreiecke entlang des Rotorblattes bei schnellerer Anströmung aus der Drehebene.

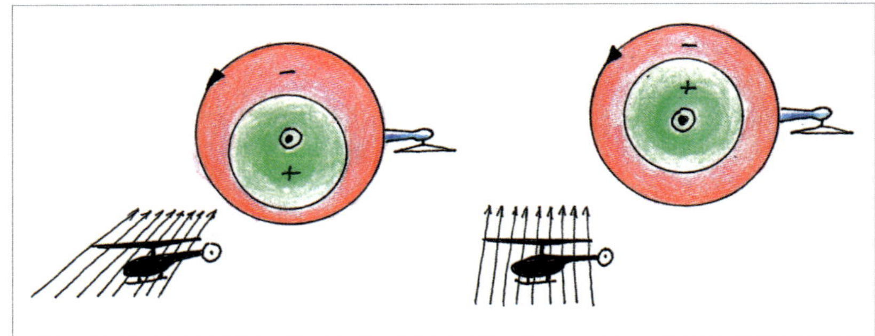

Abb. 134: Verschiebung der antreibenden Tangentialkräfte zur rücklaufenden Blattseite hin bei Aufnahme von Vorwärtsfahrt.

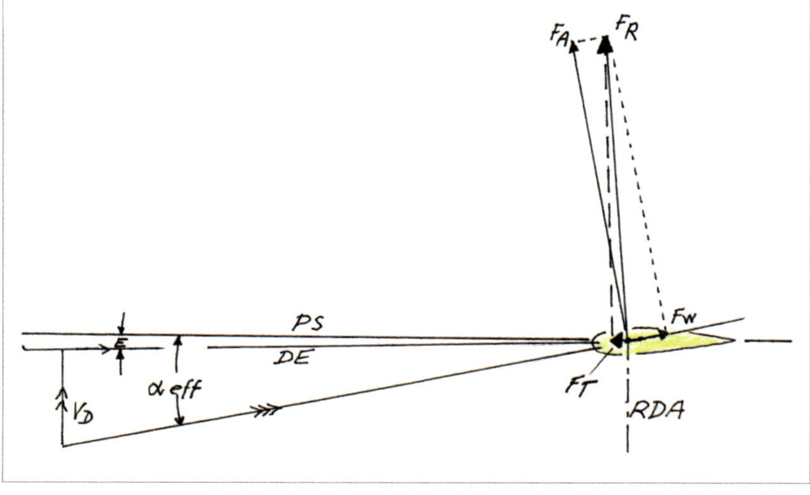

Abb. 135: Eine „maßstäblichere" Darstellung eines autorotierenden Blattelements. Aus Platzgründen und zur Verdeutlichung muss diese oft drastisch übertrieben sein.

bildung gezeigt, entwickeln sich die antreibenden Autorotationskräfte konzentrisch im Innenbereich des Rotors. Bei Aufnahme von Vorwärtsfahrt verlagert sich dieses Gebiet exzentrisch zur „rücklaufenden" Blattseite hin.

Profil im Zwischenbereich

Zwischen dem inneren und äußeren Rotorbereich wird eine Blattpartie so angeströmt, dass die resultierende Luftkraft genau parallel zur Rotordrehachse steht. Dadurch ergibt sich hier weder antreibende noch bremsende Kraft. Dies ist ein „neutrales" Blattelement. Es befindet sich bei etwa 70 % der Blattlänge.

Profil in Blattwurzelnähe

Auf der effektiven Anströmrichtung steht senkrecht die Auftriebskomponente. Im senkrechten Autorotationszustand neigt sich die V_{eff} im inneren Rotorbereich stärker unter die Drehebene. Hier strömt die Luftmasse steiler nach oben durch, weil in diesem Bereich kleinere Umfangsgeschwindigkeiten wirken als im Blattspitzenbereich. Im inneren Teil der Rotorkreisfläche neigt sich der Auftriebsvektor so weit, dass auch die resultierende Luftkraft vor die Rotordrehachse kippt. Die hier aufkommende Tangentialkraft treibt den Rotor in Drehrichtung an.

Kräfteverschiebung im schrägen Autorotationsflug

Wichtig ist der Einfluss des Fahrtvektors an einem Blattelement mit bremsender Tangentialkraft. Durch zusätzliche Anströmung aus der Drehebene wird der effektive Anstellwinkel flacher und die Resultierende neigt sich noch weiter hinter die Rotordrehachse, die bremsende Tangentialkraft nimmt zu.

Das Gebiet mit den antreibenden Tangentialkräften verschiebt sich zum rücklaufenden Blatt hin. Das sollte nicht mit der Auftriebskraft verwechselt werden, denn diese bleibt ziemlich gleichmäßig verteilt. Zur Darstellung von komplizierten technischen Vorgängen gehört auch oft die gezielt bewusste Übertreibung.

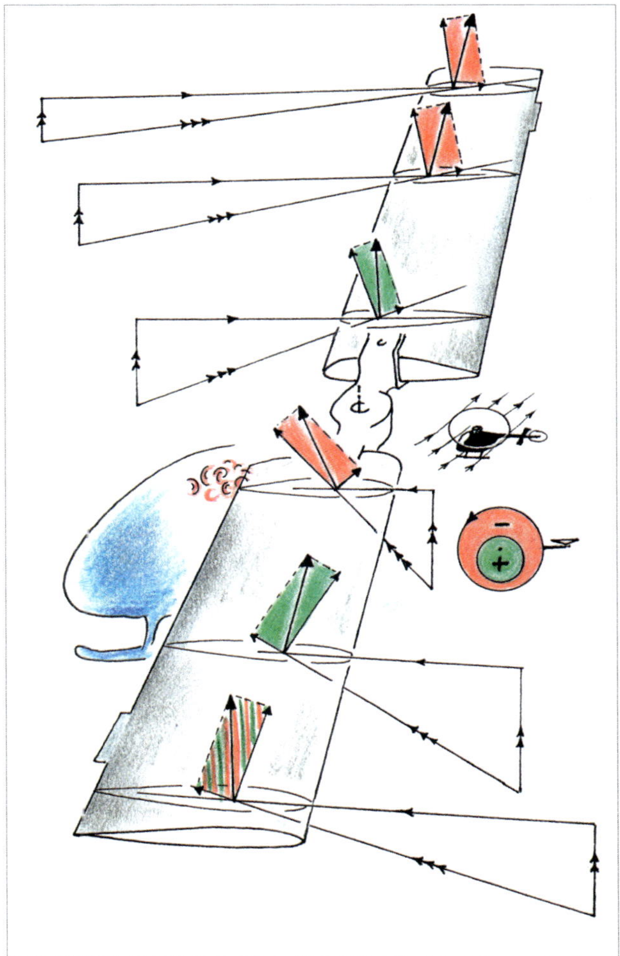

Abb. 136: Diese Skizze zeigt die unterschiedlichen Strömungsdreiecke entlang des vorlaufenden und des rücklaufenden Blattes. Die Positionen weisen auch auf die Stellung der Tangentialkraft hin.

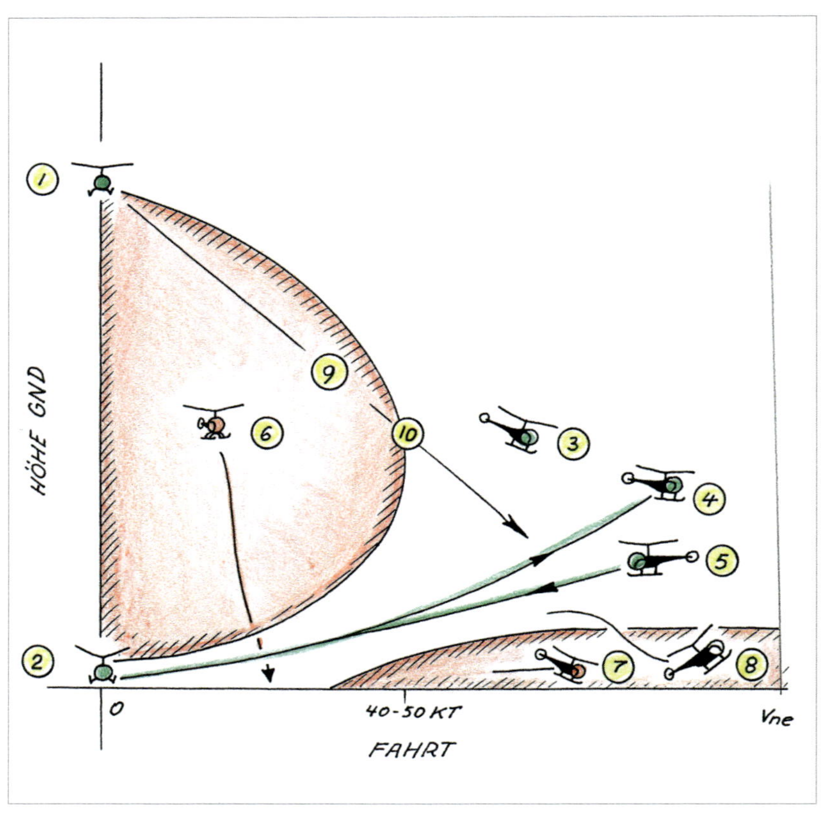

Abb. 137: **Hier wird die sicherere Höhen-Fahrt-Konstellation bei verschiedenen Flugmanövern deutlich. Die Übergänge der Bereiche sind durchaus fließend.**

Da manchmal bei aerodynamischen Vorgängen zurecht Anströmwinkel dargestellt werden, die eine „gesunde“ Umströmung anzweifeln lassen, sollte auf verfügbarem Raum ein zeichnerischer Nachweis für die dennoch wirklichkeitsnahe Technik erbracht werden. Deshalb zeigt die Abbildung 135 das Blattelement mit antreibender Tangentialkraft. Durchschnittlich beträgt der Einstellwinkel des Profils in der Autorotation 3°. Aus Vereinfachungsgründen liegt oft die Profilsehne auf der Rotordrehebene. Um eine deutlich positive Tangentialkraft bei gleichzeitig real anliegender Strömung gut darstellen zu können, muss die Zeichnung dementsprechend gestreckt werden. [Abb. 135]

Ansicht des vor- und des rücklaufenden Blattes in der Schrägautorotation

An der Spitze des vorlaufenden Blattes wirkt die effektive Anströmrichtung durch die hinzukommende Fahrtkomponente sehr flach. Die Resultierende kippt weiter rückwärts, die bremsende Tangentialkraft nimmt zu. Durch den Fahrteinfluss neigt sich auch die Resultierende an dem während des senkrechten Autorotationszustands neutralen Blattelement rückwärts und bremst. Zum Rotorkopf hin verlangsamt sich die Drehebenenströmung, die V_{eff} hier kippt die Resultierende noch vor die Rotordrehachse und treibt an. Im Blattwurzelbereich reißt die Strömung aufgrund überzogenen Anstellwinkels ab. Hinter dem gestörten Bereich in Blattwurzelnähe des rücklaufenden Blattes beginnt die reduzierende Wirkung der Vorwärtsfahrt. Die effektive Anströmrichtung kommt dort steiler an, die Resultierende fällt rückwärts. Die antreibende Tangentialkraft erstreckt sich noch bis kurz vor die Spitze des rücklaufenden Blattes, dahinter überwiegt die Anströmung aus der Drehebene wieder insofern, dass die V_{eff} einen flacheren Winkel annimmt. Die F_R bremst in diesem Bereich in der Übergangszone zwischen dem Gebiet mit den antreibenden Kräften und dem Bereich mit der bremsenden Wirkung. Steht die Resultierende parallel zur Rotordrehachse, verhält sich das entsprechende Blattelement neutral. Unter diesen Voraussetzungen verschiebt sich die Fläche mit den antreibenden Luftkräften zur rücklaufenden Blattseite hin.

Die „Dead man's curve"

Damit der Rotor ohne Motorkraft weiterdrehen kann, existiert ein Freilauf. Die Bedingungen für den Übergang in die Autorotation sind sehr wichtig. Das sogenannte Höhen-Fahrt-Diagramm zeigt verschiedene Konstellationen und die berühmt-berüchtigte Schablone fürs Überleben. Es soll damit nicht betont werden, dass der flugtechnische Verbleib in bestimmten Bereichen fatal endet, sondern dass das Herausretten und das Einleiten einer

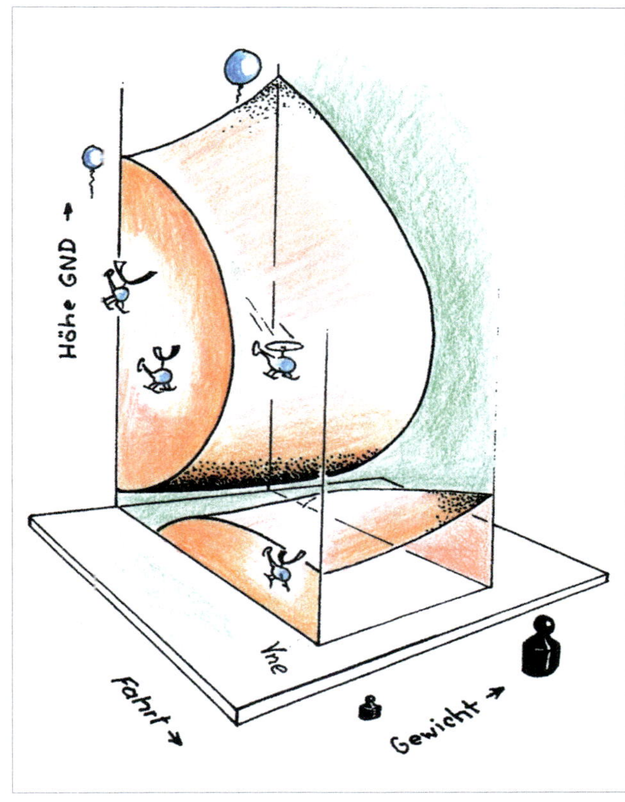

Abb. 138: **3D-Darstellung des Höhen/Fahrt-Diagramms hinsichtlich Fluggewicht und Dichtehöhe.**

Autorotation enorm erschwert sein können. Die Graphik [Abb. 138] zeigt einige typische Flugsituationen. Helikoptertypisch bezogen sind die Diagramme modifiziert.

Beispiel Triebwerksausfall:

1. „Top hover point": Aus dieser Situation heraus kann man mit den meisten Typen aus Null Fahrt eine Autorotation anfachen. Es wird genügend Fahrt aufgeholt und mit der kinetischen Energie des Rotors abgefangen.
2. „Low hover point": Hier kann mit der Restenergie des Rotors weich aufgesetzt werden. Höhe über Grund soll nicht mehr als 3 bis 5 Fuß betragen.

Abb. 139: **Der unspektakuläre Ausgang eines Motorausfalls während des Hover-Fluges in Bodennähe hängt von der Höhe und vom Betätigen des Pitch ab. Weder zu hoch noch zu schnell seitwärts oder rückwärts!**

Abb. 140: **Niemals zu schnell rückwärts!**

3. Mit genügend Fahrt und/oder Höhe sichere Autorotation möglich.
4. Startprofil im sicheren Bereich.
5. Landungsprofil im sicheren Bereich.
6. Gefahrenbereich: Hier reichen weder Fahrt noch Höhe aus, um eine Autorotation anzufachen, um dann sicher aufzusetzen, jedoch zu hoch, um die Restdrehzahl des Rotors zur Landung zu nutzen.
7. Zu tief und zu schnell: Bei Triebwerksausfall kann der Hubschrauber nicht genügend aufgerichtet werden – Überschlaggefahr!
8. Hoch genug, um kurzzeitig in den Autorotationszustand überzugehen und nach einem „Flare" sicher aufzusetzen.
9. Ungefähres Flugprofil ab „Top hover point".
10. „Kneepoint", Mindestfahrt für diesen Höhenbereich.

Manche Diagramme sind entsprechend höherem Gewicht und größerer Dichtehöhe erweitert, um den sicheren Rahmen zu gewährleisten.

Die richtige Entscheidung

Setzt bei einem Hubschrauber der üblichen leichten Kategorie das Triebwerk aus und befindet sich das Fluggerät momentan mit Null Fahrt in einer Höhe von einem Meter über Grund, kann man mit der Restdrehzahl des Rotors noch weich abfangen und aufsetzen. Schwebt man allerdings mit Null Fahrt in 50 Metern über Grund, wird die Rotordrehzahl während des Sinkens bis zur Unbrauchbarkeit abgebaut, die recht harte Landung unvermeidbar. Senkt man jedoch den „Pitch" sofort und stellt den Rotor auf kleinste Einstellung, wird die Sinkgeschwindigkeit rapide zunehmen, die verbleibende Höhe reicht allerdings zur Anfachung der Autorotation nicht aus, denn dafür werden ca. 100 Meter verbraucht, die harte Landung ist unvermeidlich. In dieser Höhe müsste man für mehrere Dutzend Knoten Fahrt sorgen, etwa 40–60 Kt. Dann wäre eine Anfachung der Autorotation noch möglich, nach kurzem Sinkflug kann noch sicher aufgesetzt werden.

Bei Seitwärts- oder Rückwärtsschwebeflug in Bodennähe sollten nur solche Geschwindigkeiten gehalten werden, bei denen nach Triebwerksausfall der Hubschrauber auf geringste Bewegung gegenüber dem Boden gebracht werden kann: Schrittgeschwindigkeit!

Der niedrigste Punkt, an dem mit Null Fahrt (wobei auch Null Wind gemeint ist) ein überwiegend unproblematischer Übergang in den Autorotationszustand eingeleitet und von dem aus eine sichere Landung garantiert ist, „steht" in ca. 150 Fuß über Terrain, s. o. auch „top hover point" genannt. Mit Verringerung der Schwebehöhe muss auch die Fahrt entsprechend erhöht werden, sodass aus Höhe und Fahrt heraus die Selbstdrehung des Rotors durch die Autorotationskraft erreicht wird. Verbindet man die einzelnen Höhen-Fahrt-Konstellationen, von denen aus sicher autorotiert wird, mit einer Linie, wird daraus die Sicherheitszone ersichtlich. Der Sicherheitsbereich in Bodennähe setzt ebenfalls die Chance eines (wenn auch kurzen) Autorotationszustandes voraus.

Zwischen beiden gefährlichen Bereichen bietet sich ein sicheres Spektrum auch für Start- und Landemanöver. Im linken Bereich finden sich mehrere hubschraubertypische Aktivitäten wie Lastaufnahme- oder Absetzen, Rettung, Suche, An- und Abflüge zu und von begrenzten Landeräumen. Zu beachten ist auch in manchen Flugsituationen ohne aerodynamische Nutzung des Bodeneffekts oder des Übergangsauftriebes die gesteigerte Beanspruchung sämtlicher dynamischer Komponenten. Diese Belastung sollte von unnötig längerem Verbleib in dieser Gefahrenzone abhalten.

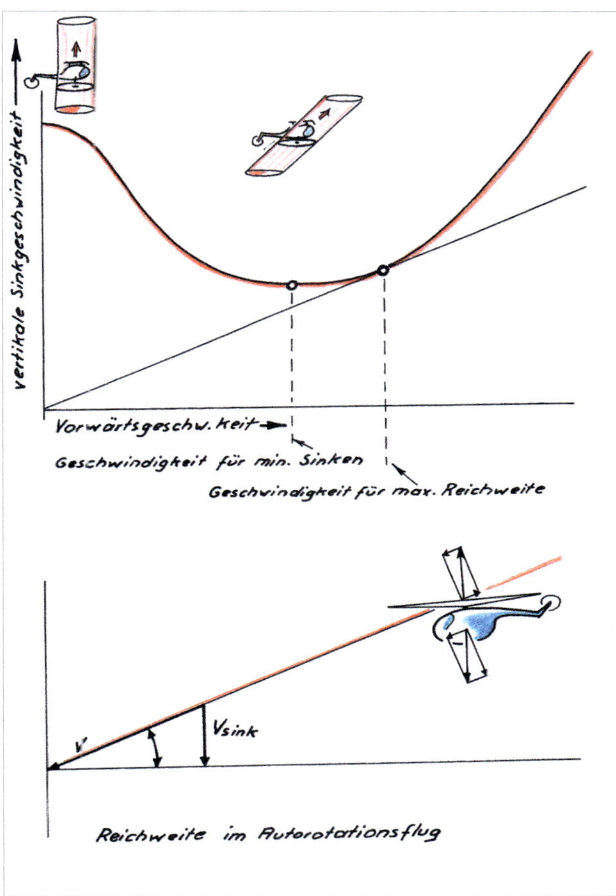

Abb. 141: **Die Sinkrate und die Reichweite im Autorotationszustand hängen von der Drehzahl und besonders von der Fahrt ab. Senkrechtes Sinken bedeutet hohe Sinkrate. Besser mit Fahrt!**

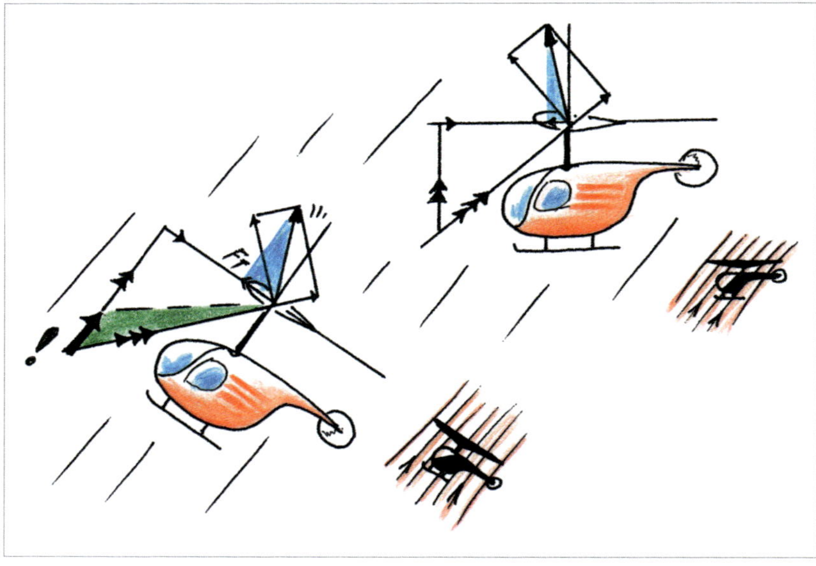

Abb. 142: **Im Flare vergrößert sich die senkrechte Durchtrittskomponente, die Tangentialkraft verstärkt sich und erhöht die Drehzahl. Die Fahrt nimmt ab.**

Abb. 143: **Durch die Beschleunigung im Flare wird der Konuswinkel des Rotors vergrößert und erhöht die Drehzahl durch die Coriolis-Kraft.**

Besser mit Fahrt

Damit während der Autorotation eine bestimmte Vorwärtsgeschwindigkeit aufrechterhalten wird, muss die Rotorkreisfläche in Flugrichtung geneigt sein. Die dabei wirkende Vorwärtskomponente soll so groß sein, dass der schädliche Widerstand des Rumpfes überwunden wird. Mit Zunahme der Fahrt wächst der Widerstand, wofür die Kreisfläche zusätzlich geneigt bleiben muss. Dies ergibt mehr Auftriebseinbuße und erhöhte Sinkrate. Einige Hubschrauberrümpfe zeichnen sich durch günstige aerodynamische Formgebung aus. Dies trägt zur Widerstandsminderung und, sofern dieser Bauteil aerodynamisch tragende Elemente wie z. B. flachen Querschnitt aufweist, auch zur Verbesserung der Reichweite in der Autorotation bei. Selbstverständlich kann man die Fahrt variieren. Dies ist von der Neigung der Kreisfläche abhängig, also von der Stellung der periodischen Steuerung, der Pitch bleibt in unterster Stellung: Pitch down. Muss ein noch weiter entfernter Notlandeplatz erreicht werden, wählt man die Fahrt für größte Reichweite. Die Drehzahl sinkt dabei etwas, da jetzt die Drehzahlenergie in Fahrtenergie umgewandelt wird. Zum Aufbau der Rotordrehzahl bedient man sich des „Flare“ genannten Manövers.

Hierbei wird die Rotorkreisfläche zügig nach hinten geneigt. Die effektive Anströmrichtung wird steiler – der Anstellwinkel größer – der Auftrieb wächst. Die Gesamtschubkomponente neigt sich nach hinten, der Hubschrauber wird abgebremst, das Sinken verringert. Die Rotordrehzahl steigt, da sich die Resultierende stark vorneigt.

Sobald der Drehflügler auf der Flugbahn in die Flare-Lage aufgerichtet wird, vergrößert sich die vertikale Durchtrittskomponente und neigt die V_{eff} noch weiter unter die Drehebene. Die dabei auftretende dynamische Belastung des Rotors ruft eine stärkere Durchbiegung der Rotorblätter nach oben hervor (so weit die Zentrifugalkraft dies erlaubt). Diese Quasi-Schlagbewegung der Blätter bewirkt wiederum einen „Pirouetten-Effekt“, durch den die „verkürzten“ Blätter schwenken. Die gleichzeitige Aufwärtstendenz der Blätter ergibt einen zusätzlichen Drehzahlaufbau.

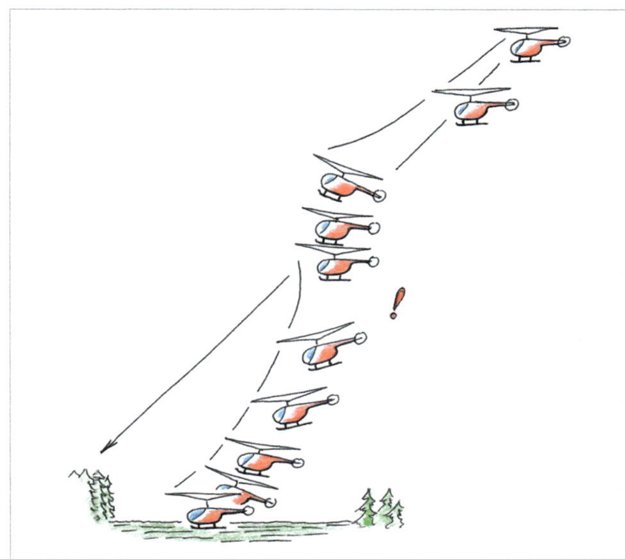

Abb. 144: **Mit zwischendurch eingelegtem Flare verringert man die Fahrt, der Sinkwinkel wird steiler, die Sinkrate steigert sich erheblich! Drehzahlschwankung beachten!**

In der Schrägautorotation kann ein „Flare“ in angemessener Höhe zum

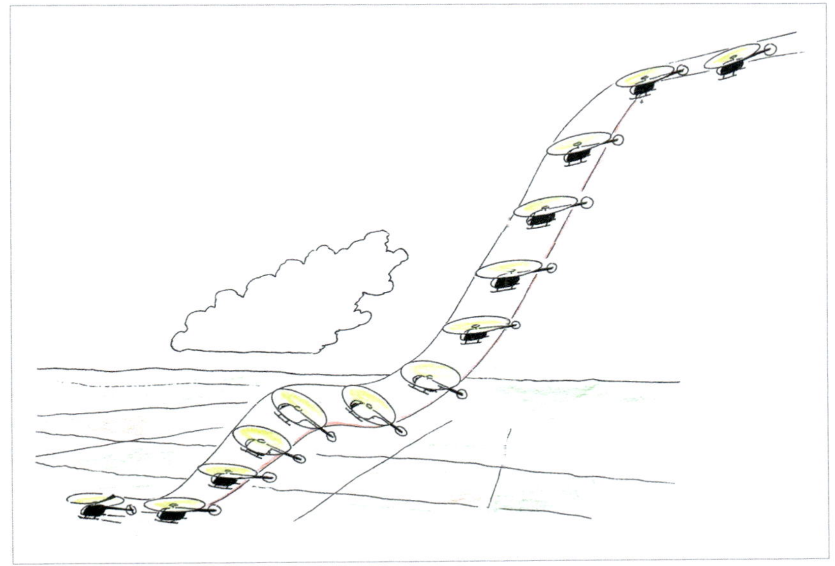

Abb. 145: **Wenn der Sinkwinkel zum Aufsetzpunkt passt und der Flare rechtzeitig eingenommen wird, ist nach dem Übergang in die Aufsetzlage der Pitch für die saubere Landung „maßgeblich“.**

Abb. 146: **In der Kurvenautorotation müssen Fahrt und Rotordrehzahl besonders beachtet werden. In der Kurve baut die Drehzahl auf, die Fahrt ab. Beim Ausleiten nimmt die Drehzahl erstaunlich ab! Pitch down!**

Korrigieren der Flugbahn eingelegt werden, damit z. B. der Landepunkt nicht überschossen wird. Bei diesem Manöver geht man von der Vorwärtsautorotation in einen fast senkrechten Sinkflug über. Die Sinkrate nimmt zu. Übrigens kann auch bis zu einer bestimmten Fahrt rückwärts autorotiert werden. Doch hier sollte rechtzeitig wieder Vorwärtsfahrt erlangt werden, da dieses Vorhaben enorm Höhe verbraucht und damit der Landeplatz noch mit genügend Fahrt angesteuert werden kann.

Während des Fahrtaufholens vergrößert sich die Sinkrate erheblich, weshalb die Flare-Stufe strikt in ausreichender Höhe über Grund vorgenommen werden muss. Wurde während des Flare zum Vermeiden einer Überdrehzahl der Pitch entsprechend leicht an-

Abb. 147: **Die Höhe des Ansatzes eines Flare ist abhängig von Fahrt und Drehzahl, Fahrt über Grund, Windrichtung und -stärke und Höhe über Grund sowie Luftdichte.**

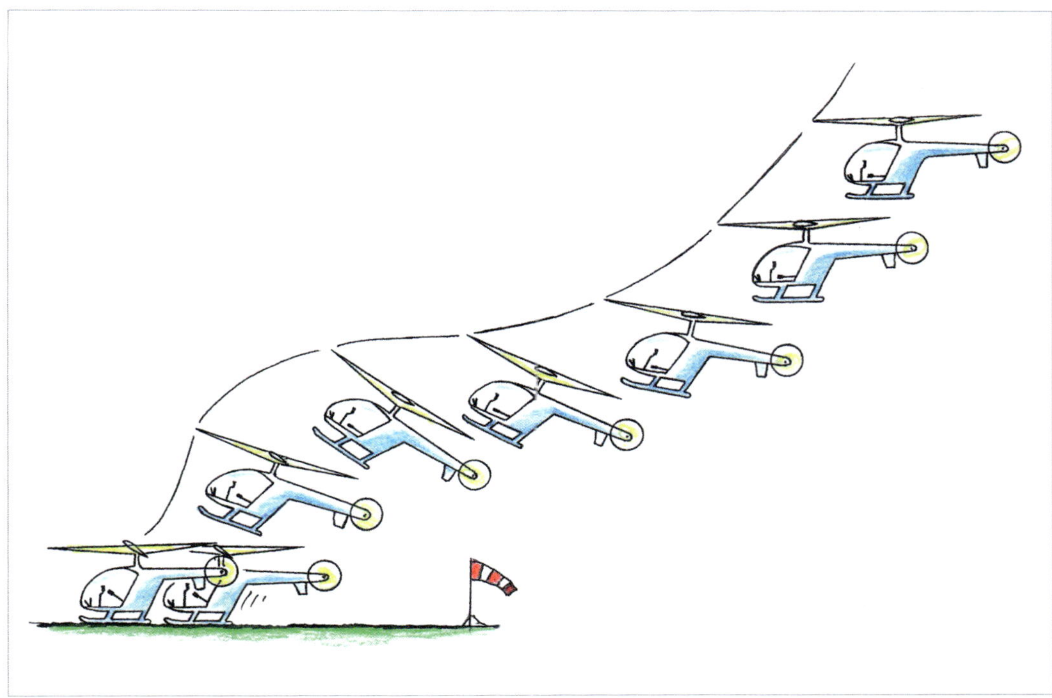

Abb. 148: **Der „bilderbuchmäßige" Ablauf einer Autorotationslandung glückt überwiegend in der Trainingsphase. Im realen Fall müssen spontan sämtliche Faktoren zusammengeführt werden. Auch die emotionale Situation spielt eine Rolle.**

gehoben, so muss dieser danach wirklich wieder gesenkt werden, denn nachlassende Flare-Wirkung bedeutet Drehzahlabbau!

Während des Autorotationsfluges ist der Helikopter um alle drei Achsen manövrierbar. Die Sinkrate ist anfangs gewöhnungsbedürftig. Es sind Sinkgeschwindigkeiten von 1.300 Fuß pro Minute und mehr die Norm, wobei auch Gleitwinkel von 1:2 bis 1:4,5 erfahren werden. Zum Einleiten einer Kurve während der Schrägautorotation genügt ein leichter periodischer Steuerausschlag in Kurvenrichtung, bis die erforderliche Querlage eingenommen ist. Die Pedale bleiben in der für den Drehmomentausgleich erforderlichen Stellung – so kann bei linksdrehendem Rotor in einer Linkskurve „rechtes Pedal" erstaunen! Die Änderung der Flugrichtung ergibt sich aus der Verschiebung der horizontalen Schubkomponente.

Während des Kurvenfluges entsteht durch die auftretende Zentrifugalkraft auch eine Flare-Wirkung. Die vertikale Durchtrittskomponente nimmt zu, die V_{eff} wird steiler, die Resultierende neigt sich vor, die antreibenden Tangentialkräfte wachsen, die Rotordrezahl baut auf und die Fahrt ab. Um einer Überdrehzahl vorzubeugen, hebt man den Pitch angemessen an. Beim Ausleiten der Autorotationskurve wird dieser wieder gesenkt, weil hier der Flare-Effekt sofort zurückgeht und Drehzahlverlust droht.

In einer bestimmten Höhe über Grund, abhängig von Gegenwindkom-

Abb. 149: **Es sind nicht immer ideale Flächen für eine Notlandung verfügbar, oft müssen überraschend schiefe Ebenen in Kauf genommen werden.**

ponente, Fahrt, Grundgeschwindigkeit, Drehzahl. Sinkrate und Sinkwinkel, wird der Flare angesetzt. Dabei wird Fahrt verringert, die Sinkrate reduziert, es ist sogar eine kurze Verweildauer in konstanter Höhe möglich. Die Fahrtenergie wird in Drehzahl umgewandelt und mit dieser Drehzahlreserve wird eine kontrollierte weiche Landung auf begrenzter Fläche möglich. Der Übergang in die Horizontallage bzw. passend zum Untergrund muss rechtzeitig erfolgen, um verkantetes oder rückwärtiges Aufsetzen zu vermeiden.

Das Manöver „Anflug-Flare-Aufrichten – in level attitude – Abfangen mit Pitch“ erfordert sehr intensive Übung. Autorotation wird zwar trainiert. Es wird aber oftmals das Abfangen mit Motorhilfe bevorzugt, da das „schonender“ ist. Eine „scharfe“ Autorotation erzeugt psychischen Druck, weil sie einfach „passen“ muss, sie ist realitätsnäher ist. Der Helikopter wird zudem recht „hergenommen“. So wird man stets nach einem Kompromiss suchen, der Trainingseffekt, Situationsnähe, Materialschonung und Erfüllen von Schulungsplänen berücksichtigt.

Beim Übergang in den Autorotationszustand setzt ein erheblicher Wechsel der Fluglage ein. Das Nickmoment, der Wegfall des Drehmoments und der deutliche Sinkflug sind Gewöhnungsmotive auch in der Ausbildung.

Übrigens, ein anderer Drehflügler befindet sich während des Fluges konstant im Autorotationszustand: der Autogiro. Meist sorgt ein Druckpropeller für den Vortrieb. Die aufgerichtete, gegen die Flugrichtung angestellte Rotorkreisfläche wird so von unten nach oben durchströmt – wie beim Hubschrauber im Autorotationszustand.

Abb. 150: **Autorotation**

AUTOROTATION

Teilweise wird der Triebwerksausfall eines Helikopters verdrängt oder einfach als selten eintretendes Ereignis betrachtet. Ist es aber Realität, verlangt die Situation spontanes und richtiges Handeln. Denn nun wird aus dem Hubschrauber ein Tragschrauber. Den weiteren Antrieb des Rotors garantieren die aerodynamischen Kräfte. Es resultiert ein relativ sicherer Flugzustand. Die Rotordrehzahl ermöglicht einen „gebremsten" Sinkflug und Steuerbarkeit um sämtliche Achsen. In Bodennähe wird der Drehflügler aufgerichtet und mit der kinetischen Energie des Rotorsystems abgefangen. Die komplexe Aerodynamik der Autorotation ist einfach mithilfe der Blatt-Theorie und des Strömungsdreiecks erklärbar.

KAPITEL 8

Das Wirbelringstadium

Das Wirbelringstadium, auch bekannt als „Sinken im eigenen Rotorabwind" oder „Vortex ring state", ist kein unbekannter Flugzustand, vor dem man sich fürchten muss. Allerdings dürfen gewisse Bedingungen nicht außer Acht gelassen und die Warnzeichen nicht übersehen werden.

Abb. 151: Das Wirbelringstadium: Es gibt allerding zuvor typische Warnzeichen.

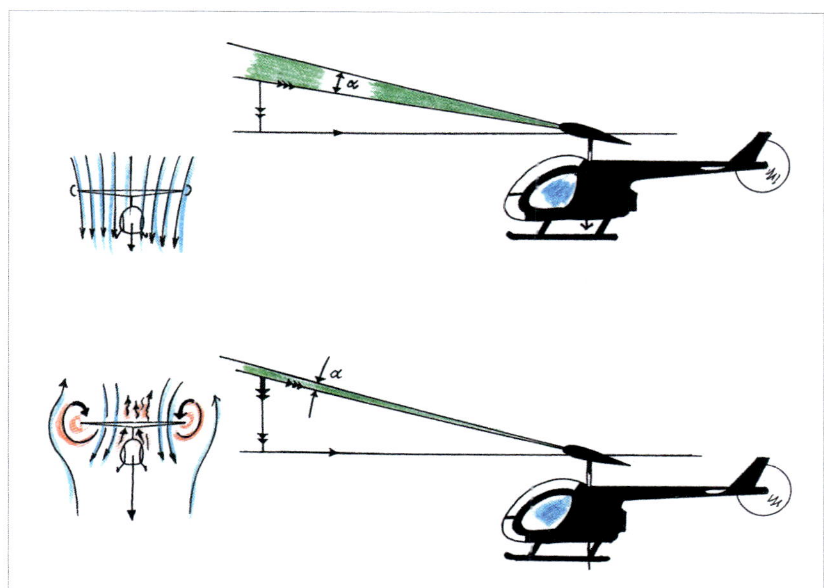

Abb. 152: **Die Darstellung zeigt oben den aerodynamisch gesunden Flugzustand. Der untere Hubschrauber befindet sich im Wirbelringstadium: außen der „Vortex", innen die erkrankte Strömung.**

Der verlorene aerodynamische Biss

Eigentlich gehört zur sicheren Handhabung eines Hubschraubers wie bei anderen Luftfahrzeugen eine genaue Kenntnis der typischen aerodynamischen Grenzbereiche. Die Palette umfasst Ausfälle und Störungen des Antriebs mit der sicheren Autorotationslandung sogar bis zum Steuerungsversagen. Dies sind häufiger trainierte und simulierte Notfallsituationen, wobei ein stets lauernder Strömungszustand – jedoch auch aus Sicherheitsgründen – etwas tabuisiert und eher gemieden wird. Es handelt sich um eine unkalkulierbare Art des Sinkfluges trotz engagierter Motorkraft, also keine Autorotation, die ja ihrerseits einen sicheren Flugzustand darstellt. Dieses Sinken im eigenen Rotorabwind wurde bekannt als Wirbelringstadium, als „vortex ring stage" oder „settling with power". Entsprechend der Bezeichnung ergibt sich ein senkrechter Sinkflug mit hoher Rate und deutlicher Triebwerksleistung.

Im „gesitteten" Gebrauchsmuster des Hubschraubers entwickelt sich das Wirbelringstadium selten voll. Es sei denn, man übersieht wirklich die anfänglichen Symptome und handelt nicht. Erfahrungsgemäß achtet man während typischer Hubschraubereinsätze auf die Einhaltung bestimmter Flugparameter. Besonders bei Such- und Rettungsaufgaben, Überwachungsflügen, Luftarbeit und Polizeieinsätzen ergeben sich rasch Flugsituationen, in denen der Hubschrauber trotz maximaler Triebwerksleistung den Sinkflug nicht mehr „bremsen" kann. Panikmache ist jedoch fehl am Platz, dennoch sind Flugzustände wie dieser mehr als erwähnenswert. Unter Mehrfachbelas-

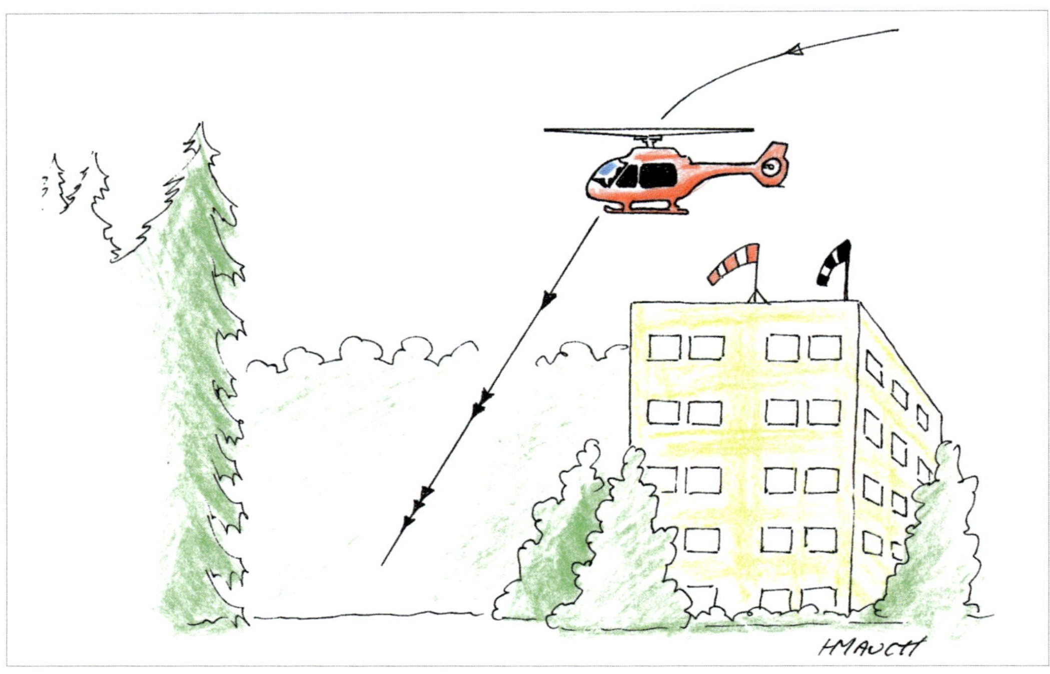

Abb. 153: **Dieser Anflug kann ins Wirbelringstadium führen. Mit Rückenwind und steilem Anflugwinkel bei hoher Sinkrate sollten die ersten Warnsymptome eintreten. In der Nacht (dargestellt durch den schwarzen Windsack) fällt die Orientierung an äußeren Gegebenheiten noch schwerer.**

tung kann man sich fast unbemerkt dem besagten Zustand nähern.

Hört sich paradox an, aber für die Demonstration des Wirbelringstadiums in sicherer Höhe muss man mit etwas Geschick drei Bedingungen zusammenführen, um wenigstens kurzzeitig den beabsichtigten Zustand zu erfahren. Andererseits können auch unter ungünstigen Bedingungen diese drei Voraussetzungen eintreten und das kurz WRS genannte Wirbelringstadium entwickeln.

Grundbedingung ist eine ziemlich symmetrische, senkrecht durch den Rotorkreis strömende Luftmasse von oben nach unten bei mehr als 10 % Motorleistung und logischerweise Null Horizontalfahrt, also z. B. ohne Übergangsauftrieb. Wichtige Hauptbedingung Nummer 3 ist ein in der Umgebungsluftmasse senkrecht verlaufender Sinkflug mit mehr als 300 feet/min (1,57 m/s).

Nur wenn diese drei Bedingungen gleichzeitig zusammentreffen, kann sich das ausgeprägte „Sinken im eigenen Rotorabwind" vervollständigen.

Zugegeben, die genannte Sinkrate hört sich nicht dramatisch an. Aber ein Steilanflug bei Windstille oder bei Rückenwind kann aufgrund äußerer Bedingungen nötig sein. Das bedeutet: Höhere Sinkrate und weniger Fahrt. Wenn – nun auch ohne Übergangsauftrieb – die Motorleistung erhöht wird, um die Sinkrate zu reduzieren, kann es durchaus zur Anfachung des WRS reichen. Diese Situation bietet sich häufig bei Rettungsaktionen oder Bergung auf engem Raum mit hoher Hindernisumgebung, wo nur steile

Landeanflüge möglich sind. Ein Durchstarten ist hinsichtlich hindernisreicher Abflugstrecke nicht immer durchführbar und eine Autorotation zur Beendigung des WRS ist wegen zu geringer Höhe nicht nur nicht ratsam, sondern auch unmöglich.

Die Aktion vor der Rettungsaktion heißt demgemäß: mehr Fahrt, möglichst im Übergangsauftrieb, somit geringere Sinkrate und keine symmetrische Durchströmung des Rotors, weniger Power, „Pitch" nachlassen! Oder: Neuen Anflug ansetzen.

Die alternative „Recovery" heißt bei ausreichender Höhe: Autorotation.

Der Eintritt sowie die Beendigung des WRS wird in den folgenden Phasen dargestellt und beschrieben. [Abb. 154]

1 Der Hubschrauber schwebt in der Höhe außerhalb des Bodeneffekts und ohne Übergangsauftrieb mit relativ viel Triebwerksleistung, um konstante Höhe zu halten.

2 Der einsetztende Sinkflug wird in der Höhe nur zögerlich bemerkt, daher zu späte Power-Zufuhr. Strömungsverhältnisse noch nicht drastisch verändert.

3 Versuch, das Sinken durch Vergrößerung des Blatteinstellwinkels aufzuhalten. Hierbei wird der senkrechte Fluss des Rotorstrahls innerhalb der Umgebungsluftmasse am Außenbereich des Rotorkreises nach außen abgelenkt und von oben wieder eingesaugt. Wichtig: Die abwärts gerichtete Strömungskomponente des Randwirbels (fetter Pfeil) addiert sich zur bereits existierenden vertikalen Durchströmkomponente. Dadurch richtet sich die effektive Anströmrichtung weiter auf, der induzierte Anstellwinkel wird größer, aber der effektive Anstellwinkel, von dem der Auftrieb kommt, nimmt drastisch ab . Im Innenbereich des Rotors bewirkt jedoch die Sinkgeschwindigkeit eine deutliche Abnahme der senkrechten Durchtrittsgeschwindigkeit. Zu großer Anstellwinkel: also Strömungsabriss!

Im voll entwickelten Wirbelringstadium erreicht der Hubschrauber hohe Sinkraten. Der Hauptrotorstrahl trifft auf die Umgebungsluftmasse auf, wobei die äußeren Hüllen des Strahls sich fortgesetzt auswärts nach oben ausbördeln und oben wieder einwärts rollen.

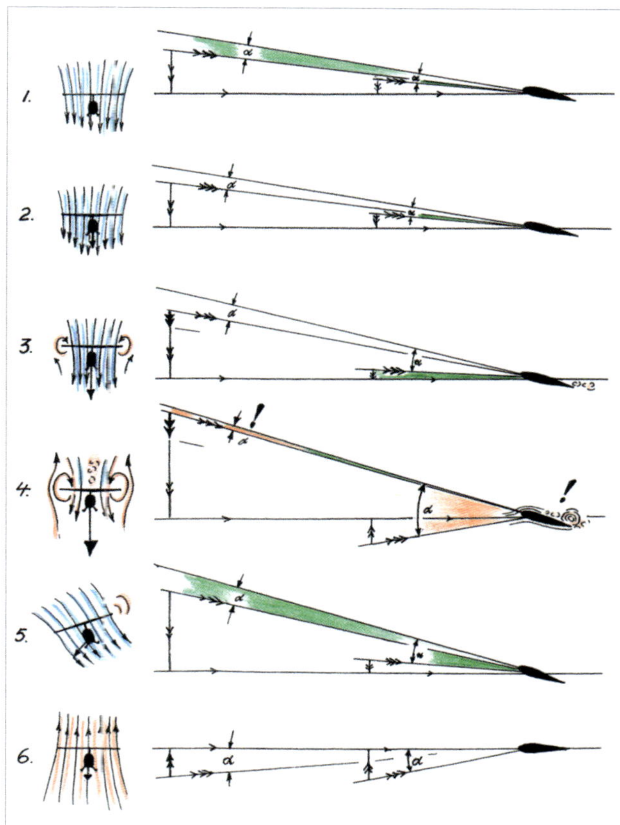

Abb. 154: Entwicklung des Wirbelringstadiums, der Verlauf mit der gestörten, ohne aerodynamischen „Biss" sinkenden Maschine. Letztlich die Rettung aus dem Zustand durch Kippen oder Autorotation.

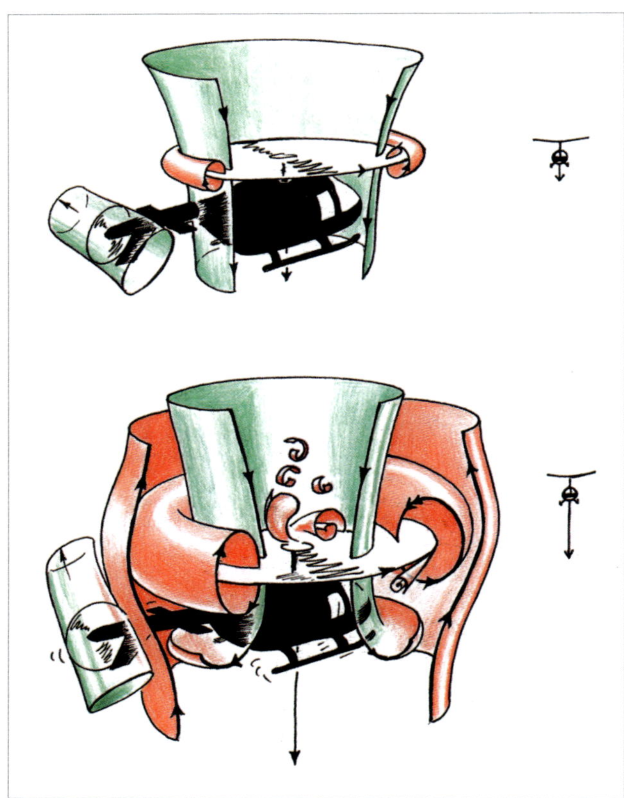

Abb. 155: **Plastische Darstellung des Wirbelringstadiums in Schichtenform und Richtung der Strömungsabläufe.**

Es folgt die natürliche Reaktion: weiteres Anheben des kollektiven Blatthebels, was Beschleunigung des Vortex-Rings und weiteres Aufrichten der effektiven Anströmrichtung bewirkt. Anstellwinkel und Auftrieb nehmen ab! Im Rotorinnenbereich reißt die Strömung infolge verstärkter Durchströmung von unten ab. Resultat: Enorme Zunahme der Sinkrate.

4 Während des dramatischen Sinkens tritt starke Unruhe um sämtliche Achsen auf, was zu einem „Herausrutschen" aus dem WRS führen kann. Horizontale Stabilisierungsflächen werden von unten beaufschlagt und können ein kopflastiges Moment erzeugen. Diese „Self recovery"-Einrichtung führt meist zur Aufnahme von Vorwärtsfahrt.

5 Auch eine deutliche Verringerung der Motor/Rotorleistung führt bereits zum Ausleiten des WRS. Primär ist für die Recovery, dass die Rotorkreisfläche nicht mehr symmetrisch, sondern schräg, also auch mit seitlicher Komponente durchflossen wird.

6 Eine sichere Rettungsmöglichkeit bietet der Autorotationszustand (siehe Kapitel 7), sofern genügend Höhe über Grund verfügbar ist. Hierbei wird der Einstellwinkel mit Pitch auf Null gebracht. Der Rotorkreis wird nun von unten nach oben durchströmt, die aerodynamischen Kräfte treiben den Rotor an. Es kann sich kein auftriebsmindernder (peripherer) Wirbel bilden. Aus einer Senkrecht-Autorotation geht der Helikopter selbst in einen schrägen Sinkflug über, aus dem heraus wieder in den Horizontal- oder Steigflug übergegangen werden kann.

Am Rande ein weiteres Paradoxon: Weil die Sinkrate während des WRS höher sein kann als im AR-Zustand, fühlt sich die Anfachung der AR wie ein vertikales „Abbremsen" an.

Übrigens ist die psychologische Wirkung im unbeabsichtigten Eintritt in das WRS nicht zu unterschätzen, weil dieser Zustand ungewohnt und unbekannt erscheint und oft nutzlose Steuerausschläge provoziert.

Für Prüflinge: Das Gebiet mit Strömungsabriss dehnt sich von innen nach außen aus, der Wirbelring von außen einwärts auf der Rotorkreisfläche!

Und: Je höher die Rotorkreisflächenbelastung – desto höher „kann"

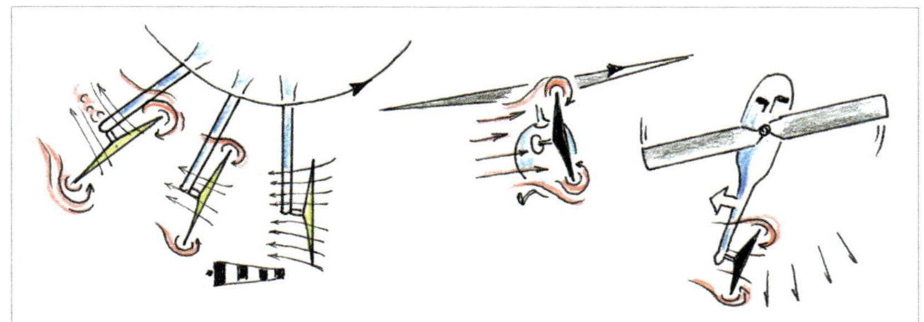

Abb. 156: **Der ins Wirbelringstadium geratene Heckrotor. Zu starker Seitenwind gegen den Rotorstrahl, zu schneller Schwebeflug oder zu schnelle Drehung.**

die Sinkrate zum Eintritt in das WRS sein. Doch der Höhenverlust ist schneller!

Der Heckrotor im WRS [Abb. 157]

Auch der Heckrotor kann unter bestimmten Bedingungen in das Wirbelringstadium geraten, sofern sein Strahl auf eine ihm entgegengerichtete Luftmasse trifft. Diese Wirkung kann durch zu schnelle Drehung um die Hochachse, zu rasches Seitwärtsschweben in Richtung des Heckrotorstrahls und bei zu starkem Seitenwind eintreten. Dieser Zustand äußert sich durch sehr schnelle Drehung des Hubschraubers entgegen der Rotordrehrichtung. Der Ausgleichsrotor „erleidet" dabei das gleiche Schicksal wie der Hauptrotor, er wird steuer- und wirkungslos. Man denkt zuerst an dessen Totalausfall. Die Rettung hieraus ist Auskuppeln des Antriebs und sofortiges Absetzen.

Übrigens: Bei einem linksdrehenden Hauptrotor wird im WRS des Heckrotors das Heck nach links ausschlagen. Die Reaktion des Piloten: Linkes Pedal. Da dies aber den gleichen Effekt wie im WRS des Hauptrotors hat, wird das WRS eher verstärkt als beendet. Außerdem: Was beim Haupt-

Erläuterung der Abbildung auf S. 98, Bild 157: Heckrotor von oben betrachtet zeigt die Strömungsdreiecke des Innen- und des Außenbereichs. Weiße Pfeile bezeichnen Anströmung aus der Drehebene (1), senkrechte Durchströmung (2) und effektive Anströmrichtung (3) im Außenbereich. Daraus ergeben sich die entsprechenden Anstellwinkel (DMA= Drehmomentausgleich). Gesunder Strömungszustand.

Das untere Bild zeigt das fortgeschrittene WRS.

Durch eine der o. e. Gegenströmungen (geschwungener Pfeil) entsteht eine zusätzliche Vertikalkomponente, welche die effektive Anströmrichtung (4 weiße Pfeile) anhebt und durch die sich das Strömungsdreieck der Profilsehne dicht nähert, somit den Anstellwinkel im Außenbereich stark verkleinert.
Der aerodynamische Biss schwindet.

Im Innenbereich (schwarze Pfeile) wird die effektive Anströmung weit unter die Rotordrehebene geneigt. Hierdurch entsteht hier ein überzogener Anstellwinkel, der zum Strömungsabriss an dieser Blattpartie führt. Gemeinsam mit dem Wirbelring resultiert daraus ein erheblicher (horizontaler) „Auftriebs-Verlust" des Heckrotors.

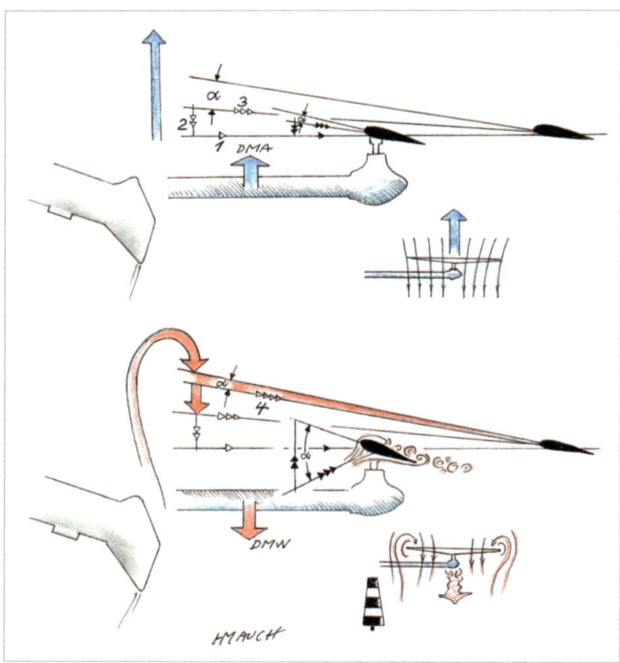

Abb. 157: **Die Skizze zeigt den Unterschied zwischen den gesunden Strömungsverhältnissen des Heckrotors und diese nach Entwicklung des ausgebreiteten Strömungsdesasters.**

Abb. 158: **Äußere Bedingungen wie dichte Baumkulissen, Gebäudefassaden und hoher Bewuchs können eine Rezirkulation fördern. Es herrschen dann Zustände wie im Sinken im eigenen Rotorwind.**

rotor „Pitch down“ bedeutet, heißt beim Heckrotor „rechtes Pedal“. Doch wer tritt während einer raschen Rechtsdrehung noch ins rechte Pedal? Diese mentale Sperre kann nur das Auskuppeln des Antriebs lösen.

Die verfügbaren Seitenwinddiagramme weisen auf die ungünstigen Windrichtungen und -stärken hin. Bei einem Linksläufer soll stärkerer Wind aus 240° bis 300° gemieden werden, wobei der Rotorkreis mit 000° über dem Heckausleger beginnt.

Ein vermeidbarer Teufelskreis: Die Rezirkulation

Eine Miniaturausgabe des Wirbelringstadiums kann sich unter bestimmten Umständen zu einer kaum kontrollierbaren Fluglage entwickeln. Auch hierbei kommt es auf die auftriebsverlustige Charakteristik des Rotorstrahls an. Da das „bilderbuchhafte“ WRS nur durch die Luftmasse generiert wird, kann deren Einfluss auch von bestimmten Formen der unmittelbaren Umgebung des Hubschraubers im Schwebeflug ersetzt werden.

Beim Schwebeflug in Mulden oder in enger Nähe von Gebäuden kann es zu einer sogenannten Rezirkulation kommen, wodurch der Rotorstrahl durch Bodenformation oder Hindernisbeschaffenheit seitlich radial und von oben wieder in den Rotorkreis einfließt. Damit enstehen Bedingungen wie beim Wirbelringstadium. Der Auftriebsunterschied innerhalb des Rotors kann so gravierend sein, dass der Hubschrauber nur schwer zu kontrollieren ist oder unkontrollierbar wird. Des-

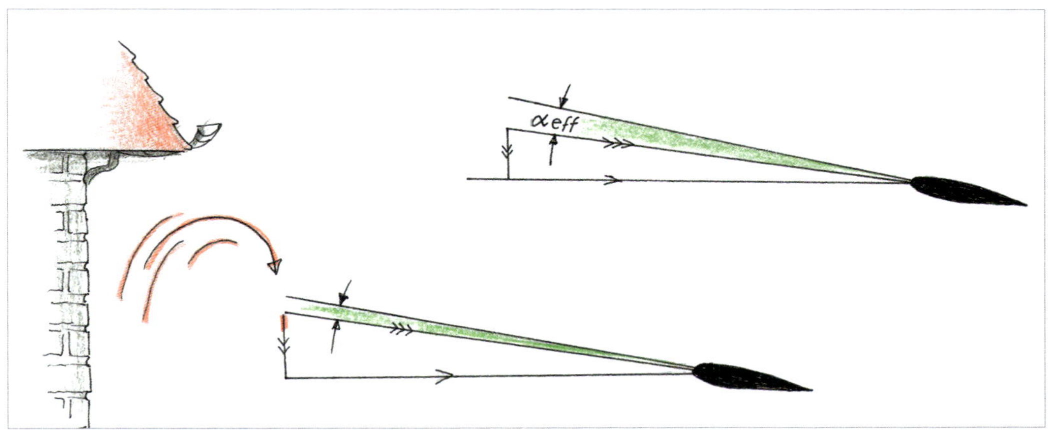

halb sei vor dem Hovern zwischen eng stehenden Hallen gewarnt!

Ähnliches kann beim Schweben über biegsamem, 2–4 Meter hohem Bewuchs eintreten. Hier können Pflanzen unter dem Rotorstrahl eine Mulde bilden und den Strömungsverlauf wie in o. a. Fällen beeinflussen. Der tückische ungleichmäßige Auftriebsverlust lässt den Helikopter in Richtung des Hindernisses kippen. Was hier fatal enden kann, ist eigentlich eine Tendenz zur „Recovery" aus dem WRS!

Solange sich Teile an Gebäuden ruhig verhalten und einen scheinbar unbehelligten Eindruck machen, muss dennoch auf mögliche „Windfangeigenschaften" geachtet werden. Sobald sich Geländer oder Dachrinnen bewegen, ist der Abstand bereits zu klein!

Abb. 159: **An Gebäudeteilen kann sich eine teilweise Rezirkulation bilden mit gefährlich unterschiedlichem Auftrieb des Rotors. Beachte: Wenn sich die Dachrinne bewegt, ist der Abstand zu klein!**

WIRBELRINGSTADIUM

Das Wirbelringstadium verliert seine Schrecken, wenn man sich damit näher befasst. Es ist ein Zustand, in dem einem Hubschrauberrotor der aerodynamische „Biss" fehlt. Führt man die Flugmanöver in genügendem Abstand zu den Bedingungen aus, die zum Sinken im eigenen Rotorabwind führen, bewegt man sich in sicherem Rahmen. Dazu gehört zuerst der Flug mit Übergangsauftrieb, kein übertriebener Sinkflug ohne diesen, denn gerade senkrechtes Sinken mit weniger als 10 Knoten, Leistung mit 20 % und Sinkrate von 300 Ft /min führen zu wachsenden Randwirbeln und Strömungskollaps im Rotorinnenbereich. Begleitet von starken Schwingungen um sämtliche Achsen und schwacher Steueransprache nimmt die Sinkrate zu.

KAPITEL 9

Der Strömungsabriss

Der Hubschrauber ist in sämtlichen Flugzuständen an sein vom Konstrukteur festgelegtes Rotorblattprofil gebunden. Dieses ist im Gegensatz zu jenem des Starrflüglers nicht veränderbar. Das bedeutet relativ strenge Einhaltung des grünen Bereichs des Anstellwinkels. Auch die korrekte Drehzahl spielt eine vitale Rolle, denn zu niedrige ist meist durch überzogenen Anstellwinkel verursacht.

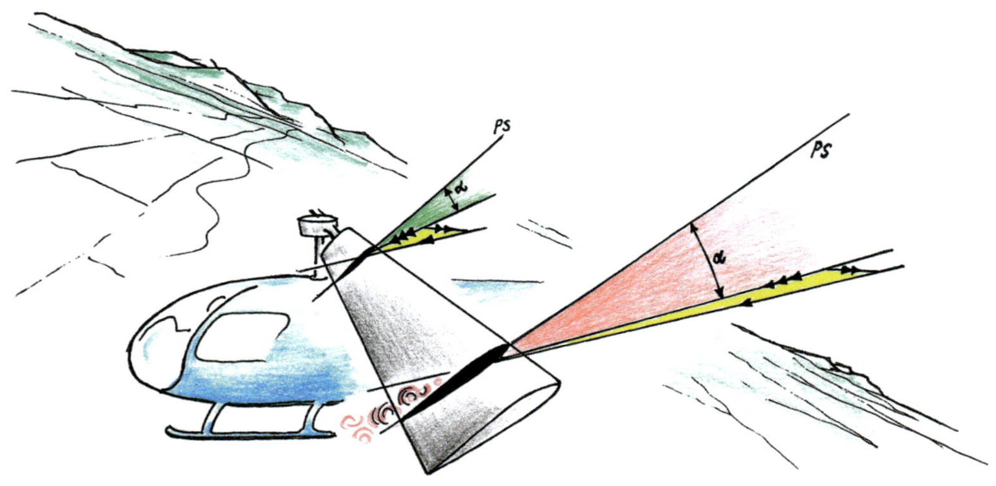

Abb. 160: **Es klingt paradox, aber die Strömung am Hauptrotor reißt im bestimmten Bereich ab, wenn der Hubschrauber zu schnell geflogen wird.**

Abb. 161: **Hohes Gewicht, hohe Temperatur, hohe Luftfeuchte, geringe Luftdichte und Windstille bereiten selbst für den Überflug von niedrigen Hindernissen Probleme. Nur Ziehen am Pitch kann nicht allein die Strömungsbedingungen verbessern.**

„Der Blade Stall" – Strömungsabriss des Hubschraubers

Die Ursache: überzogener Anstellwinkel. Während der Starrflügler in seiner Gesamtheit mit Tragwerk gegenüber der Luftmasse bewegt wird und daher seinen Auftrieb bezieht, sind beim Drehflügler die Rotoren für die auftreibende Kraft ursächlich. Beide Luftfahrzeuge haben noch eines gemeinsam: Die den Auftrieb erzeugenden Bauteile besitzen ein bestimmtes Profil. Allerdings hat der Starrflügler den Vorteil, dass er sein Flügelprofil dem jeweiligen Flugzustand anpassen kann, der Hubschrauber ist aber aus klar ersichtlichen technischen Gründen auf ein „starres" angewiesen.

So bietet ein Rotorblatt ein aus Kompromissen entworfenes Profil, das auch nur einen bestimmten maximalen Anstellwinkel zulässt. Solange sich der Hubschrauber im Schwebeflug befindet, bevorzugt er ein gutmütiges Profil, d. h. aufgrund des hohen Auftriebsbedarfs in diesem Flugzustand sollte das Profil größere Anstellwinkel erlauben, in denen die Strömung noch anliegt. Wenn jedoch des Triebwerks Leistungsgrenze erreicht ist, hilft nur das Verringern des Anstellwinkels gegen Anwachsen des Widerstandes. Denn was des Starrflüglers Fahrt – ist des Drehflüglers Drehzahl. Die korrekte

Abb. 162: **Zwischen einem überzogenen Anstellwinkel und der Überdrehzahl liegt der optimale flugtechnische Bereich, der allerdings verhältnismäßig schmal ist.**

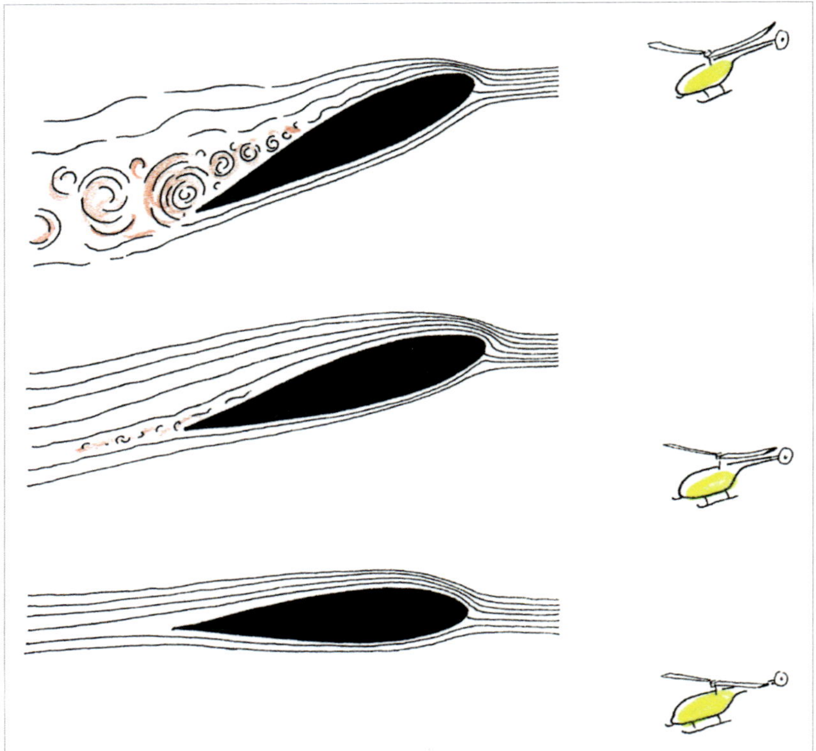

Abb. 163: **Drei Zustände, in denen sich ein Profil bewegen kann. Das Untere „fliegt" in einem fast auftriebslosen Anströmwinkel, das Mittlere erzeugt normal Auftrieb und das Obere erleidet aufgrund übergroßer Anstellung den Strömungsabriss.**

Drehzahl ist nicht nur für die „Fahrt" des Rotorblattes lebenswichtig, sondern auch hinsichtlich Zentrifugalkraft zur Streckung der Blätter, um übermäßiges Durchbiegen nach oben zu vermeiden.

Tritt also im Schwebeflug ein Strömungsabriss auf und werden die typischen Symptome wie Drehzahlabfall, Vibrationen, nachlassende Steuerbarkeit und deutliches Sinken erkannt, ist sofort der kollektive Blatthebel (Pitch) entsprechend zu senken, bis sich die Drehzahl wieder „erholt". Es sollte durchaus am Boden abgesetzt werden, bis die Aerodynamik des Rotors saniert ist. Ein Drehzahlzusammenbruch kann auch bei Start und Landeanflug eintreten. Begünstigt wird hier der „blade stall" durch Windstille, hohe Temperatur, geringe Luftdichte und hohes Fluggewicht. Der aerodynamische Haushalt bricht dann zusammen, wenn beim Start das Bodenpolster verlassen wurde und der Übergangsauftrieb noch nicht eingetreten ist. Bei der Landung verläuft dies umgekehrt.

Bei Strömungsabriss bildet sich bei zu großem Anstellwinkel (14-16°) an der Hinterkante des Profils ein nach oben einwärts drehender Wirbel. Die Turbulenz breitet sich auf der Profiloberseite nach vorne aus und schiebt sich keilförmig unter die Grenzschicht und hebt diese ab. Die Strömung kann auf der Oberseite der Profilkontur

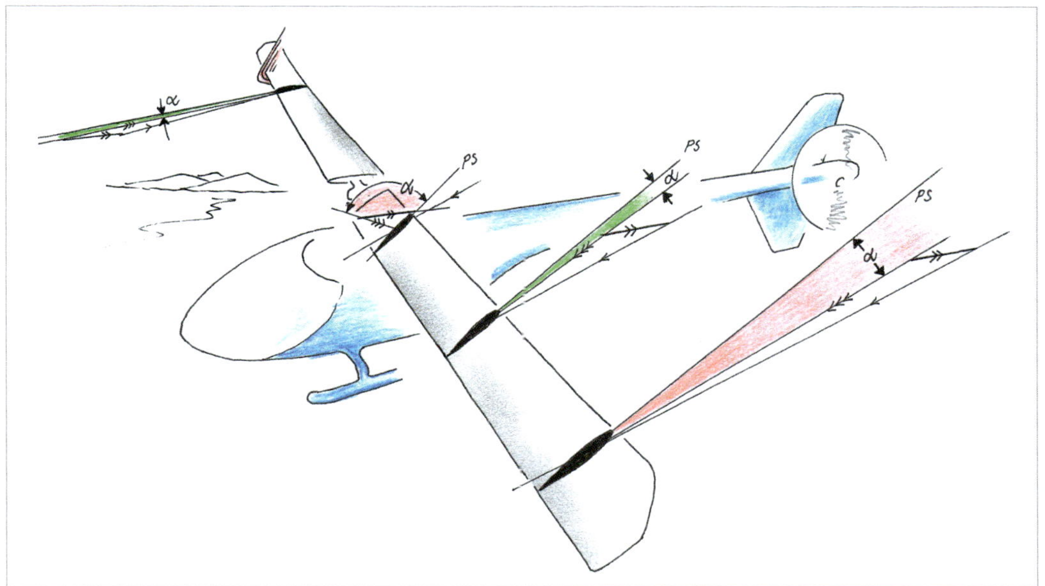

nicht mehr folgen und reißt ab. Wie erwähnt, verwandelt sich die symmetrische Durchströmung der Rotorkreisfläche bei Aufholen von Vorwärtsfahrt in eine unsymmetrische. Je mehr die Geschwindigkeit erhöht wird, umso stärker wirkt sich der Anströmungsunterschied aus. Das vorlaufende Rotorblatt erreicht an seiner Spitze hohe Unterschallgeschwindigkeit mit den sogenannten Kompressibilitätserscheinungen, wodurch der Widerstand erheblich zunimmt. Auch zeigen sich an dem für diese Geschwindigkeiten nicht tauglichen Profil unter diesen Umständen Strömungsablösungen. Während sich der Anstellwinkel im Außenbereich der vorlaufenden Rotorkreishälfte teilweise auf ein Minimum reduziert, nimmt er auf der rücklaufenden ständig bis zum Maximum zu. Dies bewirkt der Einfluss des Fahrtvektors. So wird der Blattwurzelbereich, wenn die Fahrt höher ist als die Anströmgeschwindigkeit aus der Drehebene, von rückwärts angeströmt. Soll die Fluggeschwindigkeit noch weiter erhöht werden, muss die Rotorkreisfläche noch weiter vorwärts gekippt werden mit gleichzeitiger Schuberhöhung. Zur weiteren Steigerung der Fahrt reicht unter bestimmten Bedingungen die Triebwerksleistung nicht mehr aus. Damit die Rotorebene weiter geneigt wird, muss das rücklaufende Blatt immer weiter ansteigen. In der bei linksdrehenden Rotorsystemen linken Querab-Position (270°) muss es den größten Anstellwinkel einnehmen, um in der hinteren Lage (360°) die höchste „Flugbahn" zu ersteigen.

Durch den Vergleich der Anströmverhältnisse des „Rücklaufenden" auf halber Blattlänge mit der Blattspitze zeigt sich, dass durch die vektorielle Verschiebung der Fahrtkomponente

Abb. 164: **Entlang des Rotors sind die unterschiedlichen Anstellwinkel hervorgehoben. Durch die vektorielle Verschiebung der Fahrtkomponente beginnt an der äußeren Partie des rücklaufenden Blattes der Strömungsabriss.**

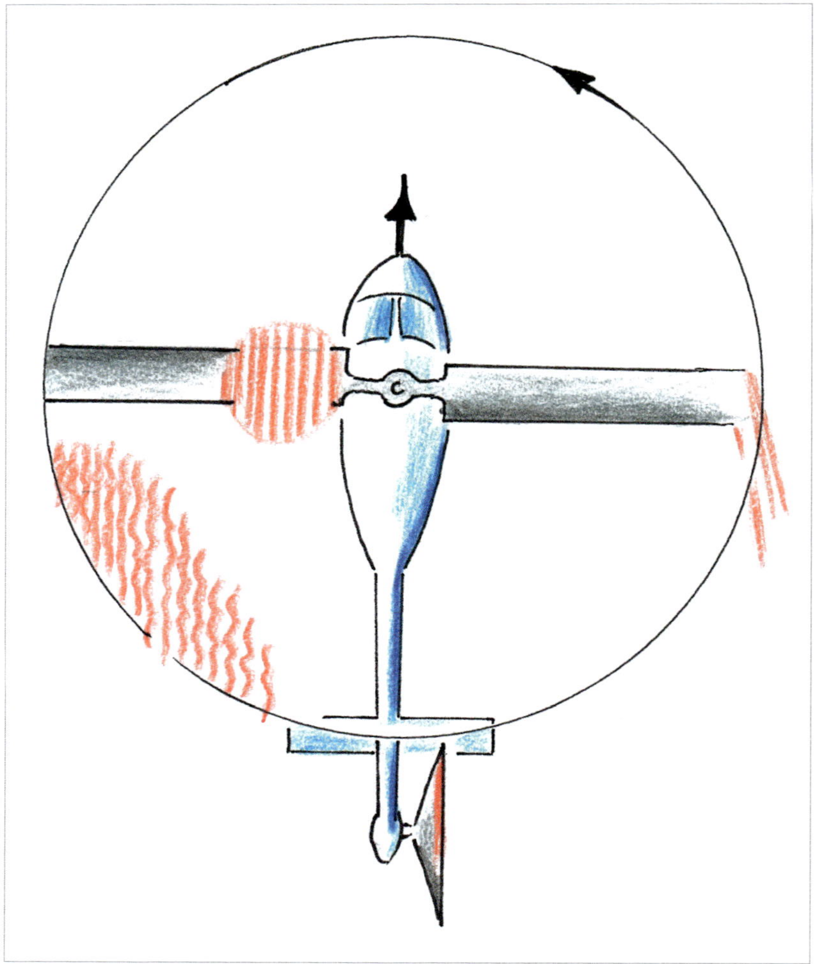

Abb. 165: Die „sensiblen" Bereiche. Im rücklaufenden Teil kommt es zur Rückanströmung, im Außenbereich zum „Blade stall", am vorlaufenden Blattende treten hohe Unterschallströmungen auf, die ebenso am vorlaufenden Heckrotorblatt wirken können.

im Außenbereich des rücklaufenden Blattes im dritten Quadranten die Strömung zuerst abreißt. Der Fahrtvektor wirkt konstant in Richtung und Stärke. Die Strömung legt sich erst wieder gegen Annäherung an die hintere Position an. Denn dort beginnt das Blatt wieder den „Abstieg" mit abnehmendem Anstellwinkel.

Genauso wie bestimmte Rotorpartien in der Nähe des Strömungsabrisses aerodynamisch wirkungsgestört sind, kann auch der Heckrotor im hohen Fahrtbereich in Turbulenzen geraten.

Einwirkung der Fahrtkomponente auf das vorlaufende Blatt

Durch die Schlagbewegung entsteht eine von oben wirkende Komponente, die den Anstellwinkel verkleinert. Durch den Vektor der Vorwärtsfahrt nimmt der Anstellwinkel weiter ab. In der Gesamtdarstellung der Strömungsverhältnisse während des extremen

Vorwärtsfluges sind am vorlaufenden Blatt an dessen Spitze eine „Mach'sche" Erscheinung angedeutet sowie eine Anstellwinkelverkleinerung durch den Fahrtvektor. Im Wurzelbereich des rücklaufenden Blattes zeigt sich der vollkommen überzogene Anstellwinkel durch Rückanströmung. Auf halber Blattlänge sorgt ein mittlerer Anstellwinkel noch für gesunde Anströmung, während durch die vektorielle Verschiebung der Fahrtkomponente dieser in Richtung Blattende dort zuerst sein Maximum erreicht. Zusätzlich begünstigt wird der „Blade stall" durch hohes Fluggewicht, hohe aerodynamische Belastung wie z. B. in engen Kurven, zu große Steuerausschläge und böiges Wetter. Die Symptome sind abnorme Vibration, Rolltendenz zur rücklaufenden Blattseite hin und Aufrichten des Hubschraubers, also Wegsacken zum strömungsgestörten Rotorbereich. Zur Wiederherstellung des sicheren Flugzustandes werden Leistung und Fahrt verringert sowie die Belastung des Flugmanövers reduziert. Ein wichtiger Parameter muss dabei unbedingt beachtet bleiben: die Rotordrehzahl! Doch die Drehzahl alleine ist keine Garantie gegen den Strömungsabriss – der effektive Anstellwinkel ist letztlich „ausschlaggebend"!

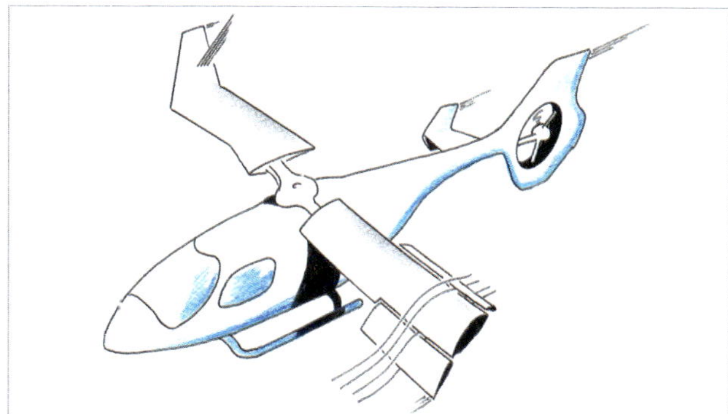

Abb. 166: **Wenn diese Darstellung verwirklicht werden könnte, wären die Probleme des hohen Geschwindigkeitsfluges gelöst.**

Auch der Heckrotor kann mit dem vorlaufenden Blatt bei hoher Geschwindigkeit in den hohen Unterschallbereich gelangen. Sein Profil ist genausowenig für diesen aerodynamischen Bereich geeignet

Die Rotorblätter sind weder im unteren noch im oberenDrehzahlbereich besonders tolerant.

STRÖMUNGSABRISS

Ein Strömungsabriss ist zunächst höchstens im Schwebeflug mit überzogenem Anstellwinkel der Rotorblätter vorstellbar, wenn mit hohem Fluggewicht, bei hoher Außentemperatur und geringer Luftdichte wie zum Beispiel auf höher gelegenen Flugplätzen abzuheben versucht wird. Ein Strömungsabriss (Blade stall) tritt immer dann ein, wenn die Strömungsfäden dem Blattprofil nicht mehr folgen können und überwiegend Widerstand vorherrscht. Dieser Zustand kann auch während des Fluges mit zu hoher Geschwindigkeit am rücklaufenden Blatt erfolgen, welches zum Vorwärtsneigen der Rotorebene steil nach hinten ansteigen muss.

KAPITEL 10

Typische Manöver

Bevor man sich an schwierige Manöver herantraut, müssen bestimmte Übungen beherrscht werden. Dazu gehören Koordinationstraining mit fest einzuhaltenden Parametern wie Drehzahl, Höhe, Richtung und Fahrt. Besonders während diese verändert werden, muss man den Fluglagen entsprechend angemessen steuern. Hier machen sich die sogenannten Koppelungseffekte bemerkbar.

Abb. 167: **Beim Einflug in begrenzte Landeräume sind außer den Flugparametern auch Beschaffenheiten der Umgebung besonders zu beachten.**

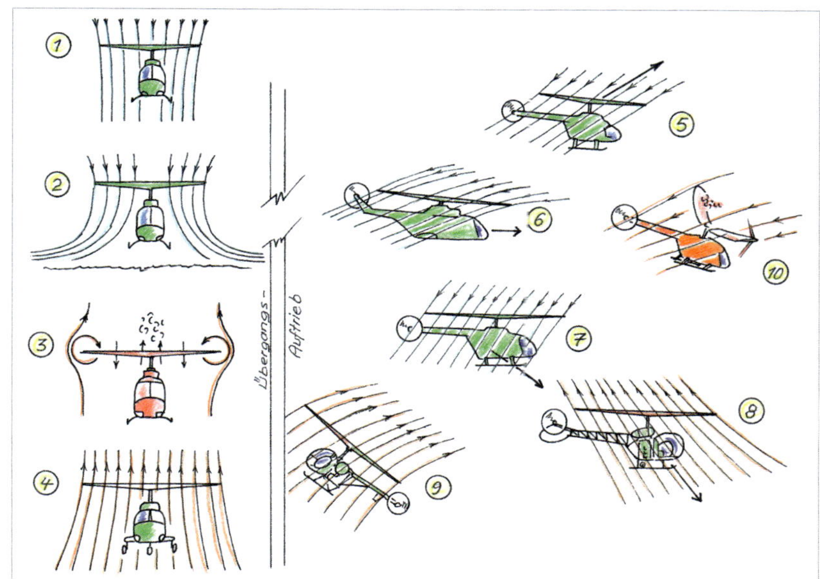

Abb. 168:
Die möglichen Flugzustände des Hubschraubers

Typische Flugmanöver

1 Stationärer Schwebeflug ohne Bodeneffekt, Steigen oder Sinken
2 Schwebeflug im Bodeneffekt
3 Wirbelringstadium
4 Senkrechte Autorotation
5 Schräger Steigflug
6 Horizontalflug
7 Schräger Sinkflug
8 Schrägautorotation
9 Flare

Ein Grundmanöver wird als Koordinationsübung bevorzugt: Beschleunigen und Anhalten. Hierbei wird die Fluggeschwindigkeit in konstanter Höhe gewechselt, aus praktischen Gründen zwischen 30 und 80 Knoten. Also Verbleib im Übergangsauftrieb und bis zur Platzrundengeschwindigkeit. Es ist zweckmäßig, außerhalb des unsicheren Spektrums des Höhen/Fahrt-Diagramms zu fliegen.

Zuerst wird die Fahrt reduziert, indem der Stick leicht gezogen wird. Ein Wegsteigen verhindert man durch angemessenes Senken des Pitch, dabei hält man die Drehzahl und kompensiert das Drehmoment. Mit reduzierender Fahrt wird der Hubschrauber zunehmend angestellt und somit Höhe gehalten. Verringert sich die Fahrt bis ca. 30 Knoten, lässt man den Stick leicht nach und vergrößert gleichzeitig die Leistung mit Pitch und adäquater Drehgaskontrolle. Dabei wird wieder Höhe und Richtung gehalten, während auf 80 Knoten beschleunigt wird.

Eine andere Art des Anhaltens ist als Quickstop bekannt. Dieses Manöver wird wesentlich zügiger geflogen und bewegt sich knapp außerhalb des unteren Bereichs des Höhen/Fahrt-Diagramms. In entsprechender „Tiefflug"-Höhe wird der Hubschrauber zügig angestellt, indem der Stick deutlich ge-

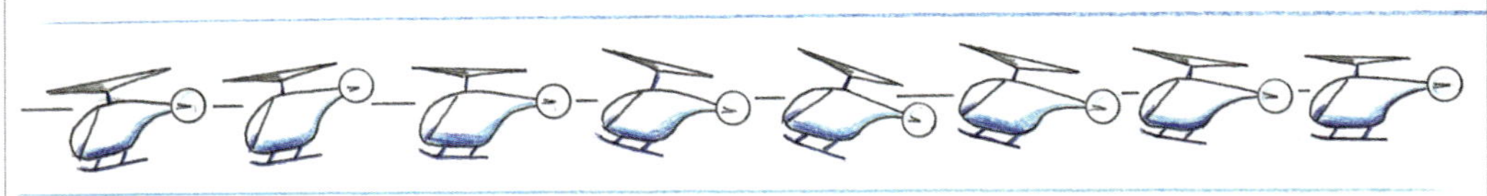

Abb. 169: **Eine schon alltägliche Koordinationsübung stellt trotz ihres einfachen Eindruckes einen hohen Anspruch an präziser Steuerbetätigung. Hier wird gleichzeitige und angepasste Veränderung sämtlicher Organe trainiert.**

Abb. 170: **Der „Quickstop" ist ein Manöver mit sehr zügigem Anhalten des Hubschraubers in der Luft. Es ist die gesteigerte Ausführung der obigen Übung. Diese kann im Tiefflug vor unbeabsichtigtem Einflug in Hindernisse bewahren. Es kommt zum kurzzeitigen Autorotationszustand.**

zogen und der Pitch gleichzeitig gesenkt wird, bis ein kurzzeitiger Autorotationszustand in konstanter Höhe eingeleitet ist. In dieser Lage kann auch der Motor ausgekuppelt werden (Zeigertrennung) , damit der nun selbständig drehende Hauptrotor mit Triebwerk nicht übertouren kann.

Kurz vor Nachlassen der Flare-Wirkung und bevor der Hubschrauber nach vorne durchsackt, wird wieder eingekuppelt. Dieser Vorgang entfällt bei Turbinenhubschraubern. Der Drehflügler wird mit Motorleistung im Schwebeflug zum Stillstand gebracht. Beim Einkuppeln muss beachtet werden, daß der Rotor im Flare Drehzahl aufgeholt hat und das Triebwerk nicht zu rasant hochdreht. Zu späte Leistungszufuhr kann in das Wirbelringstadium führen, auch ein „klassischer" Strömungsabriss kann folgen.

Landung in begrenzten Räumen

Während der Ausbildung zum Hubschrauberpiloten werden auch Anflüge trainiert, die eine Landung auf Flächen, die von Hindernissen umgeben sind, bezwecken. Hinsichtlich des breiten Verwendungsspektrums können Landungen in Waldlichtungen, auf Erdkuppen, auf unebenem Boden und in unwegsamen Geländen erforderlich sein.

Bei solchen Anflügen beachtet man bestimmte Grundsätze. Vor Bestimmung der Anflugrichtung stellt man die Windrichtung fest. Diese kann durch natürliche Hilfe wie Zugrichtung der Wolkenschatten, Turbulenzen in Getreidefeldern, Wellen auf Gewässern, Baumkronen und Staubfahnen erkannt werden. Der Anflug sollte Hindernisfreiheit und auch Notlandemöglichkeit bieten sowie möglichst flach

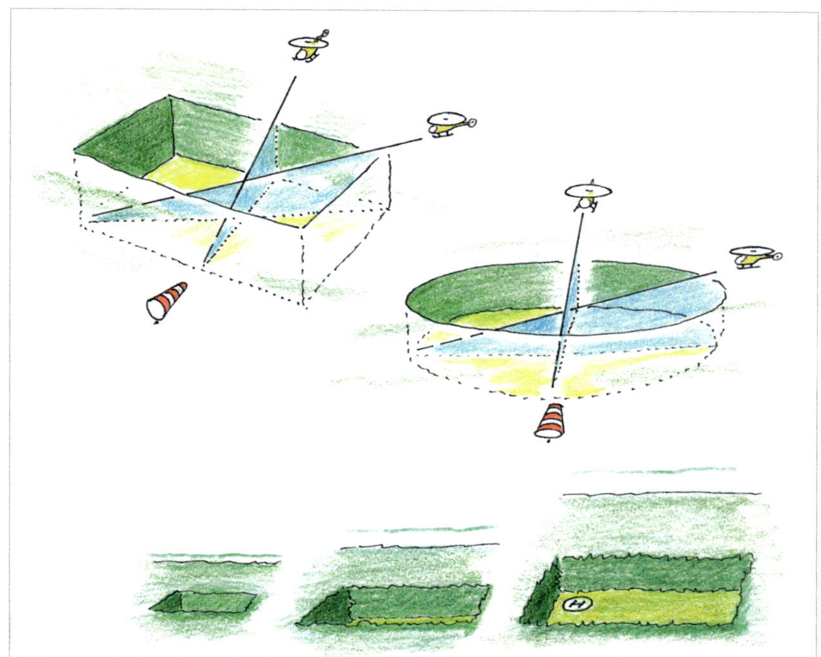

Abb. 171: **Von oben – aus der Luft gesehen – wirken manche Landeräume wirklich sehr beengt. Beim „Eintauchen" in das Areal scheinen die Hindernisse ins Cockpit hereinzuragen.**

erfolgen. Dies garantiert längeren Verbleib im Übergangsauftrieb, größere Leistungsreserve und bessere Manövrierbarkeit auch für den Fall erforderlichen Durchstartens wie bei der Geländeerkundung. Oft ist ein Kompromiss notwendig zwischen Anflug gegen den Wind und größtmöglicher Ausdehnung des Landeraumes, um die Maximen „Flach und Translation Lift" zu nutzen. Nach Erledigen einer Quasi-Platzrunde fliegt man das Landefeld in der gewohnten Konfiguration an. Ist der Hubschrauber im Endanflug ausgerichtet, hält man so lange die Höhe, bis der Aufsetzpunkt sichtbar wird. Dieser soll möglichst am Ende der Fläche liegen, um die Landung zu „strecken".

Die Leistung wird dem Sinkwinkel angepasst. Nach dem Eintauchen in den Landeraum muss auf variierende Windverhältnisse und auf gegebenfalls abrupten Verlust des Übergangsauftriebs reagiert werden. Ein bislang lebhafter Gegenwind kann im Leewirbel zum abwärtigen Rückenwind wechseln. Falls ein sicherer Anflug zu riskant scheint, wird durchgestartet, wobei in der möglichen Hast die Leistungsgrenze nicht überschritten werden soll. Nach dem stabilen Hoverzustand setzt man auf geeigneter Fläche ab. Auch während des Schwebens ist auf Hindernisse zu achten, die durch den Rotorstrahl aufgewirbelt oder enorm bewegt werden können.

Der Wiederstart

Zum Wiederstart nutzt man ebenfalls die Länge des Landeraumes und mögliche Gegenwindkomponenten aus.

Abb. 172: Während des Landeanfluges und beim direkten Einflug in die Aufsetzzone muss auf die Windeinwirkung mit ihren eventuellen Leewirbeln und Richtungswechseln geachtet werden. Ein Aufwind kann rasch zum Abwind mutieren.

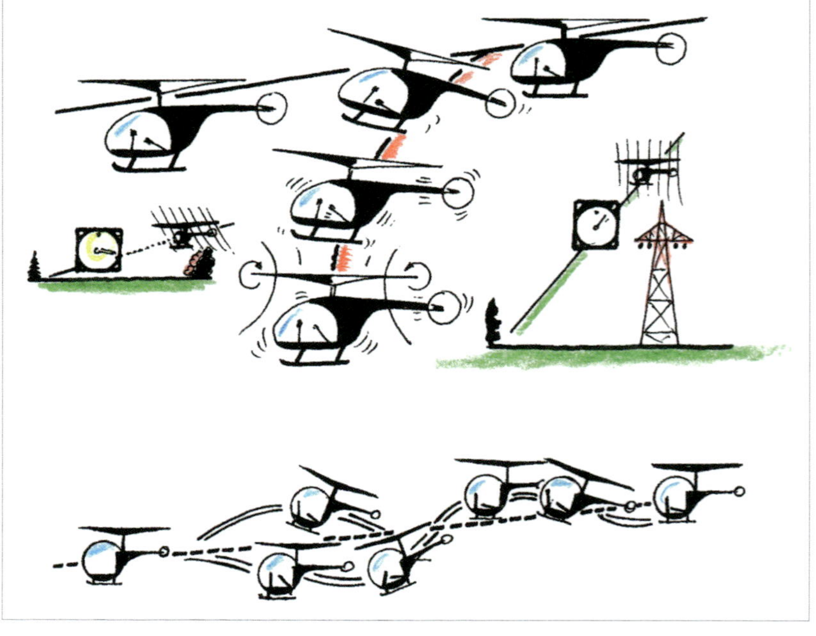

Abb. 173: Beim Überflug von schwierigen Hindernissen muss besonders bei Windstille auf sichere Einhaltung des Anflugwinkels und ausreichenden Abstand zu den Bedingungen des Wirbelringstadiums geachtet werden.

Abb. 174: **Ein sogenannter Sprungstart unter Ausnutzung des Bodenpolsters muss rechtzeitig in den Übergangsauftrieb führen, da sonst bei Leistungsmangel ein Sinken einsetzt. Übrigens ist auch ein rückwärtiges Zurücksinken in den Bodeneffekt u. U. möglich.**

Dabei kann auch der Bodeneffekt zu einem gewissen „Sprung" verhelfen.

Vorher werden die Leistungsreserve und die Parameter geprüft. Auch während des Starts muss das Höhen / Fahrt-Diagramm beachtet werden, denn bei dem folgenden Manöver werden sämtliche Elemente des Hubschraubers stark beansprucht. Hier könnte die Ausfallwahrscheinlichkeit einer Komponente am größten sein. Für die Leistung ist die Dichtehöhe, gepaart aus Druckhöhe und Temperatur sowie Fluggewicht, von Einfluss.

Der Hubschrauber wird in der „hintersten" Ecke in Startposition gebracht, die Checks sind durchgeführt. Die Hoverhöhe sollte weder zu tief ausfallen wegen der Gefahr der Hindernisberührung noch aus Gründen eines wirksamen Bodenpolsters zu hoch gehalten werden. Der Bodeneffekt soll voll wirken.

Außerdem: Wer den Wind späht – wird Übergangsauftrieb ernten!

Bei nicht allzu großem Abstand zur Hinderniskulisse empfiehlt sich eine geschickte Kombination aus Rotorneigung und Leistungszufuhr. Oft ist es ratsam, zugunsten eines flacheren Abflugwinkels etwas Seitenwind in Kauf zu nehmen. Im Zweifelsfalle ist bei schwachem Windeinfluss und weniger störenden Hindernissen ein Start in solche Richtungen zu erwägen. Abb. 176 zeigt mögliche Startprofile aus einem begrenzten Landeraum bezüglich Leistung, Fahrt und Gefahrenspektrum.

Landung auf hochragenden Flächen [Abb. 177]

Beim Anflug auf solche Areale trifft man auf unerwartete Strömungsverhältnisse. Beim Landeanflug zu einer stärkerer Strömung ausgesetzten Flä-

Abb. 175: Manchmal sehen die Aussichten für einen problemlosen Start aus dem Landeraum düster aus. Man sucht den Kompromiss aus verfügbarer Anlaufstrecke, Windbedingung, Hinderniskulisse und der Chance, die Leistungsdelle zwischen Bodenpolster und Übergangsauftrieb zu überbrücken.

che muss ein steiler Sinkwinkel oberhalb des Turbulenzkeils eingehalten werden. Bei Windstille ist eine wesentlich flachere Anflugbahn möglich. Der Verlust des Übergangsauftriebs setzt jedoch früher ein. Kommt man mit geringer Geschwindigkeit an der Aufsetzplatte an, bäumt sich der Hubschrauber auf, da die vordere Rotorkreishälfte zuerst Bodeneffekt erlangt.

Diese einsetzende Rückwärtstendenz wird durch Nachdrücken des Stick verhindert. Eine übertriebene Korrektur kann jedoch dazu führen, dass bei der Position des Hubschrau-

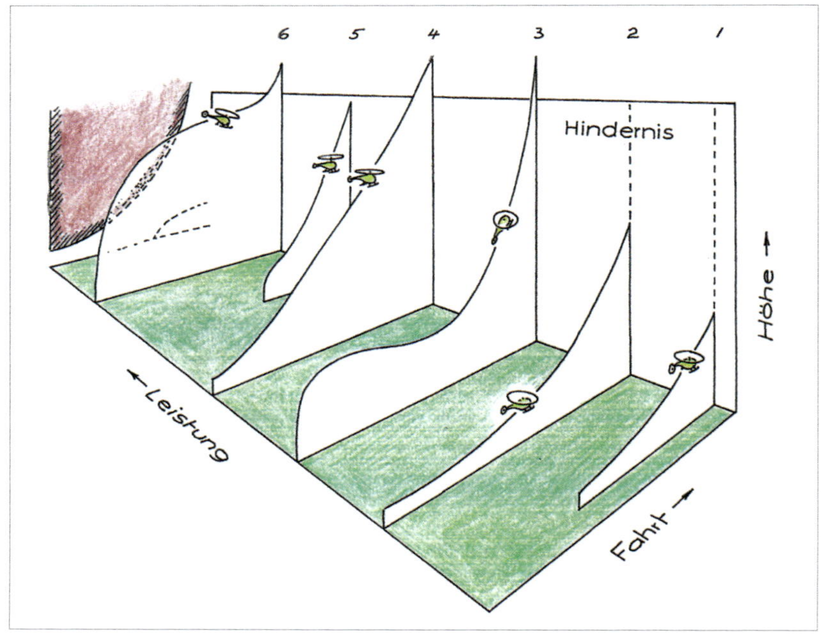

Abb. 176: Die Skizze bietet verschiedene Abflugprofile vor dem Hintergrund des Höhen / Fahrt -Diagramms. Mit einer zunehmenden Gegenwindkomponente verbessern sich die Aussichten für einen Steilstart über die Hindernisse, wobei der Übergangsauftrieb große Unterstützung sein wird.

bers nun mit der gesamten Rotorfläche über dem Landedeck jetzt auch die hintere Rotorkreishälfte Bodeneffekt erhält und der Hubschrauber seine Vorwärtstendenz durchsetzt.

Landung auf geneigtem Boden

Das Absetzen des Hubschraubers wird teilweise durch Unebenheiten des Bodens erschwert. Er kann aber bis zu einem bestimmten Schrägheitsgrad aufgesetzt werden, siehe Flughandbuch. Man operiert möglichst gegen den Wind. Voraussetzungen sind ruhiger stationärer Schwebeflug und parallel ausgerichtetes Landegestell zu den „Höhenlinien“ des Hanges, also quer zum Gefälle. Zuerst wird eine senkrechte Annäherung eingeleitet, bis die hangseitige Kufe aufsetzt, während die Rotorkreisfläche horizontal gehalten wird. Das bedeutet für die Steuerung Senken des Pitch und Neigung des Stick zum Hang sowie gleichzeitige Drehmomentkorrektur, damit die Kufe rechtwinklig zum Hang steht. Dreht der Hubschrauber aus der Richtung, sind zwei Neigungskomponenten zu berücksichtigen. Bei Näherung an den Hang erfährt die bergseitige Rotorkreishälfte dichteren Bodeneffekt. Nach komplettem Aufsetzen kann der Rotor gefühlsmäßig leicht hangwärts geneigt sein, um im Extremfall ein talwärtiges Rutschen zu verhindern. Das Abheben verläuft in umgekehrtem Sinn. Bei Drehungen vor dem Hang soll der Heckrotor talwärts zeigen. Niemals das Heck gegen den Hang drehen!

Während einer Hanglandung sind wirklich nur minimale Steuerausschläge ein Muss. Ein Koppelungseffekt, die Folgewirkung der Veränderung eines Steuerorgans mit der erforderlichen Gegenaktion, muss zeitgerecht und angemessen kompensiert sein. Eine – oft auch unmotivierte – unruhige Bedienung aller Steuer macht ein sicheres und sauberes Aufsetzen zunichte. Bei ungeduldigem Absetzen kann der Hubschrauber umkippen, sei es talwärts wegen extremer Schwerpunktlage bei übertriebener Neigung (static tilt over) oder wegen zu starkem Druck gegen den Hang, wobei die „Bergkufe“

Abb. 177: **Die Landung auf einer herausragenden Fläche kann tückisch sein. Je nach Windbedingung muss entweder mit einem Turbulenzkeil oder bei Windstille mit wechselnder „Gestalt“ des Bodenpolsters gerechnet werden.**

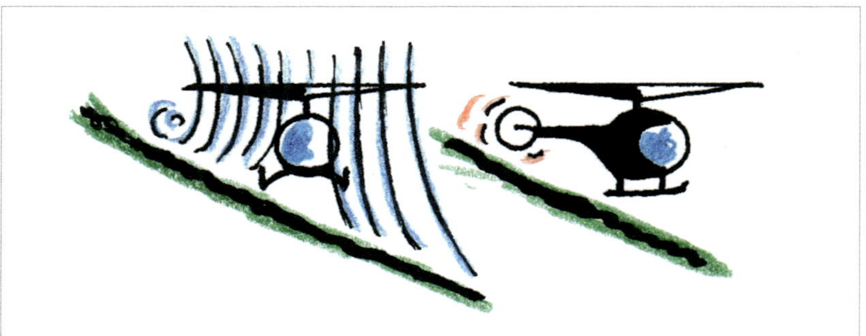

Abb. 178: **Die Landung auf geneigter Fläche erfordert präzise und ruhige Steuerführung. Es muss besonders auf die „Höhenlinien" geachtet werden, zu denen das Landegestell parallel ausgerichtet sein muss – also quer zum Hang.**

hängen bleibt. Niemals hangwärts aussteigen!

Spezialaufgabe Gebirgsflug

Flügen in Hochgebirgsregionen und Landungen auf extrem hochgelegenen Plätzen sollten Einweisungen durch erfahrenen Personenkreis vorausgegangen sein. Ungewohnte Eindrücke, rasch wechselnde Wettersituationen, unberechenbare Strömungen in Auf- und Abwinden, Turbulenzen und besonders die geringe Luftdichte ergeben ein völlig anderes Verhalten als im tieferen Flachland. Optische Eindrücke und schwieriges Einschätzen von angezeigter Geschwindigkeit gegenüber der empfundenen über Grund können zur Fehlinterpretation von Höhe und Position zur Landestelle führen. Aufgrund mangelnder Objekte bekannter Größe sind Abstände zu Felswänden und die Fluglage insgesamt schwer einschätzbar. Auch muss die Sauerstoffgrenze beachtet bleiben, 12.000 Fuß MSL!

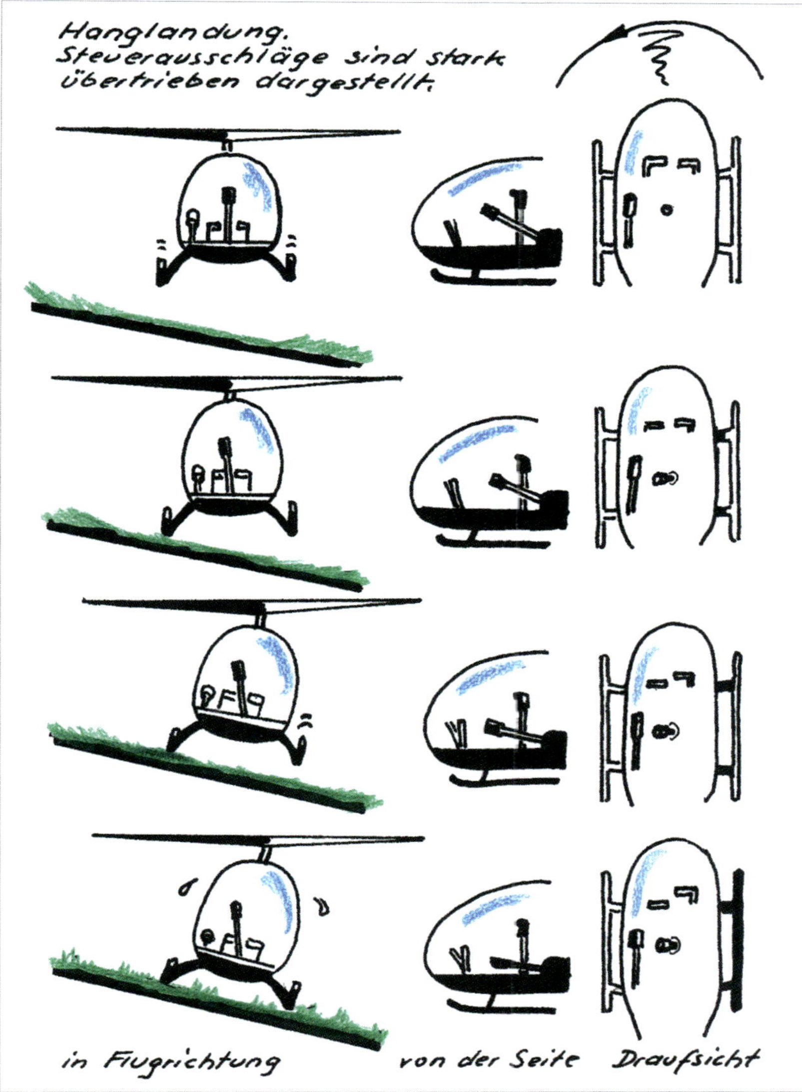

Abb. 179: **Dreiseitenansicht des Verlaufes einer Hanglandung. Dabei soll stets die Rotorkreisfläche horizontal stehen. Das Aufsetzen erfolgt senkrecht. Eine seitliche Annäherung an den Boden birgt die Gefahr des Umkippens!**

FLUGMANÖVER

Der Hubschrauber hat seine Beweglichkeit nicht nur im täglichen Einsatz bewiesen, sondern auch im Kunstflugprogramm. Diese Flexibilität weist zwar die Robustheit einiger Entwürfe nach, wird aber im Normalbetrieb nicht ausgenutzt. Die meisten Manöver beinhalten Schwebeflug, Geradeausflug, Kurven und Beschleunigung sowie Verlangsamung. Diese Vorgänge sind vorzugsweise mit harmonischen Übergängen zu fliegen, denn hastige und hektische Steuerführung stören selbst unter böigen Bedingungen die Flugparameter erheblich. Während des Fluges sollte sich der Pilot immer bewusst sein, dass „er selbst der Hubschrauber ist". Sich gegen eine Fluglageänderung ohne Steuerreaktion zu wehren, hieße, nicht mit dem Luftfahrzeug „eins" zu sein.

KAPITEL 11

Die Technik

Die Entwicklungsgeschichte der Drehflügler verlief höchst spannend. Man begann, mit einfachen oder mitunter sogar mit komplexen Konstruktionen den senkrechten Start, den Schwebeflug und die Landung zu versuchen. Die auftretenden Kräfte und unbekannten Belastungen zerlegten manche Apparate. Durch Anlehnung an Erfahrungen im Bau von Flächenflugzeugen und im Laufe der Erprobungen bildeten sich zunehmend geeignete Apparate, auf deren Basis Zellenstrukturen und Rotoren hergestellt wurden.

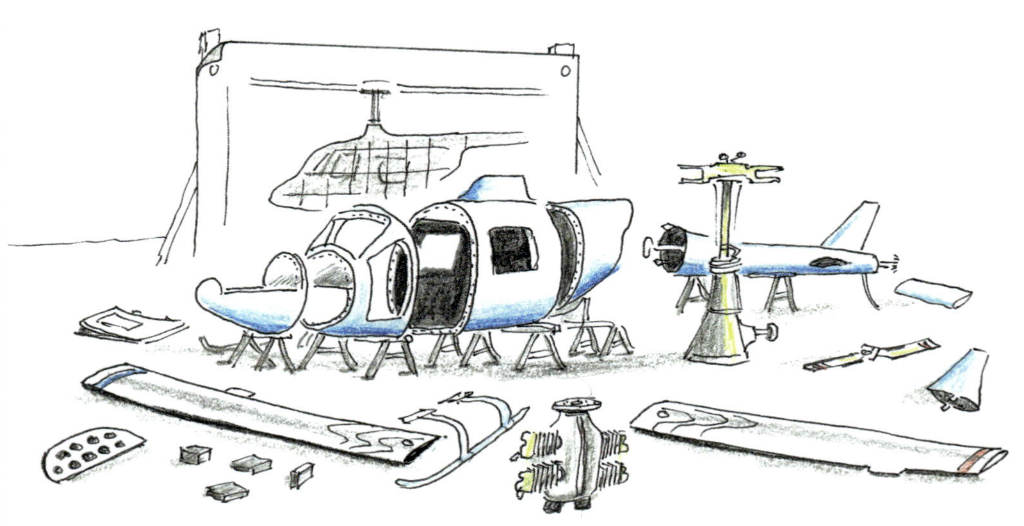

Abb. 180: **Der Bau von Flächenflugzeugen und Drehflüglern ist in vielen Ansichten verwandt. Sämtliche Komponenten unterliegen ähnlichen Anforderungen.**

Abb. 181: **Die Hubschrauberzelle ist gewaltigen Wechselbelastungen und Schwingungen ausgesetzt. Am Boden drückt das Rotorsystem auf die Rumpfschale und im Flugzustand hängt an ihm die Zellenlast. Manche Helikopter „ertragen" somit mehrere Tonnen.**

Warum sieht der Hubschrauber so aus?

Das Aussehen des Hubschraubers wurde in seiner Entwicklungsgeschichte hauptsächlich durch seinen Verwendungszweck beeinflusst. Die meisten Leichthubschrauber zeigen eine Bauform, die durch die Kombination der wichtigsten Komponenten geprägt ist. Das Luftfahrzeug besteht so aus dem Rumpf mit Kabine, der Triebwerksanlage mit Hauptgetriebe und Hauptrotor, dem Heckausleger mit Ausgleichsrotor und den Stabilisierungsflossen. Das Landewerk bilden Kufen oder ein Fahrwerk.

Die gesamte Konstruktion ist für zahlreiche Lastwechsel ausgelegt. So hängt während des Fluges das Gewicht am Hauptrotor, während im Stand die Zellenschale dessen Last tragen muss.

Auch der Heckrotor wirkt per Hebelarm in verschiedenen Richtungen und die Stabilisierungsflossen tragen deutlich zur Beeinflussung der Fluglage bei. Bei der Unterbringung von Besatzung und Passagieren sowie Gepäck wird auf möglichst geringe

Abb. 182: **Die Hubschrauber haben eine Form angenommen, die es mit den üblichen aerodynamischen Gestaltungen von Starrflüglern durchaus aufnehmen kann. Heutige Hubschrauber werden überwiegend durch die Stromlinienform geprägt.**

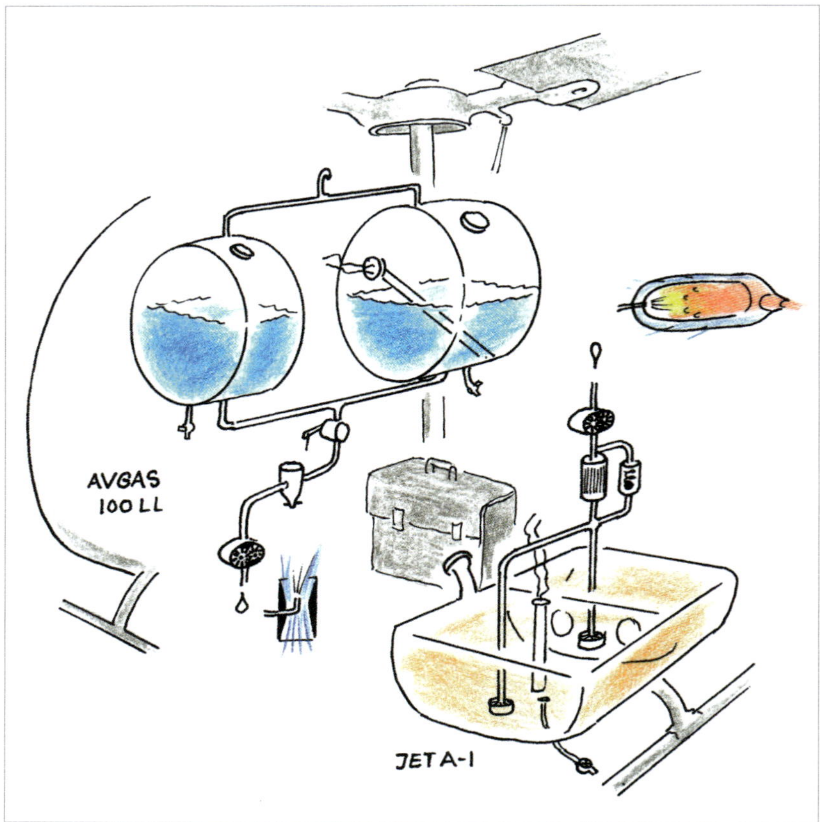

Abb. 183: **Die „Innereien" des Hubschraubers wie Antriebe, Kraftstofftanks, Ölversorgung, Hydraulikanlage und Steuerung sind so untergebracht, dass sie nur minimale Auswirkung auf den Schwerpunkt ausüben. Dadurch versucht man eine Gewichtskonzentration möglichst um die verlängerte Rotorachse.**

Nähe zum Rotormast geachtet, auch die Tankzellen sind hier weitgehend lokalisiert.

Inzwischen haben viele Helikopter auch aus aerodynamischen Gründen Ähnlichkeit mit den Rümpfen von Starrflüglern. Bei der Herstellung von Komponenten werden neben Dural mit hohem Anteil hochfester Materialien wie GFK, KFK und Titan verwendet. Neben hoher Stabilität wird auch eine Gewichtseinsparung erreicht. Die Formgebung von z. B. Rumpfhäuten ist per Kunststoff einfacher.

Einige Hubschrauberzellen stützen sich auf ein Stahlrohrgerüst, manche sind verkleidet. Die „offene" Bauweise erleichtert den wartungstechnischen Zugang, der für zahlreiche Lager- und Gelenkstellen erforderlich ist, während dieser hinter Verkleidungen bei wartungsfreien Elementen fast verzichtbar ist.

Unter der Haut komplexer Hubschrauber verbergen sich viele systembedingte Anlagen wie die Kraftstoffversorgung und der Ölkreislauf. Auch die Anlage der Hydraulik für die Steuerung und für das „Verschwindfahrwerk" zählt zu den „State of the Art"-Hubschraubern. Die elektrische Anlage versorgt teilweise die Avionik, Instru-

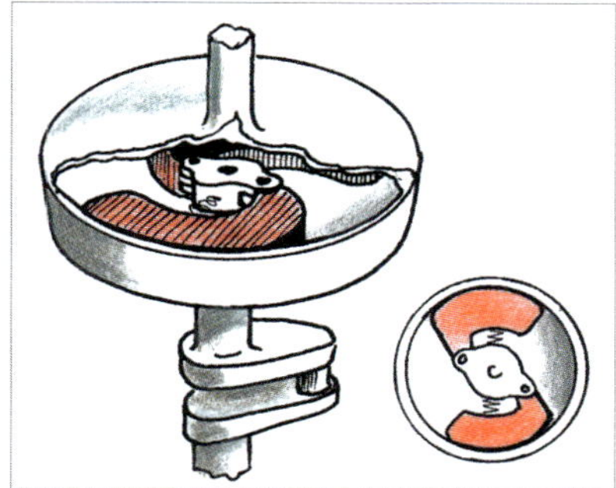

Abb. 184: **Um ein Starten des Triebwerks zu erleichtern, ist dieses im untersten Drehzahlbereich zunächst entlastet. Erst beim Hochfahren wird die Verbindung zu den dynamischen Komponenten fester.**

mentierung, Beleuchtung, Trimmung und diverse Warnanlagen. Auch bei der Steueranlage wird die „Fly by wire"-Ausführung Fuß fassen. Was eine Redundanz betrifft, so ist außer einer zweiten Turbine auch außer der „Primary"-Hydraulik eine zweite, „Auxiliary"genannte Anlage verfügbar. Unter den dynamischen Komponenten kann nur ein „Fail safe"-System in Form höchst beanspruchbarer und ausfallsicherer Strukturen bestehen.

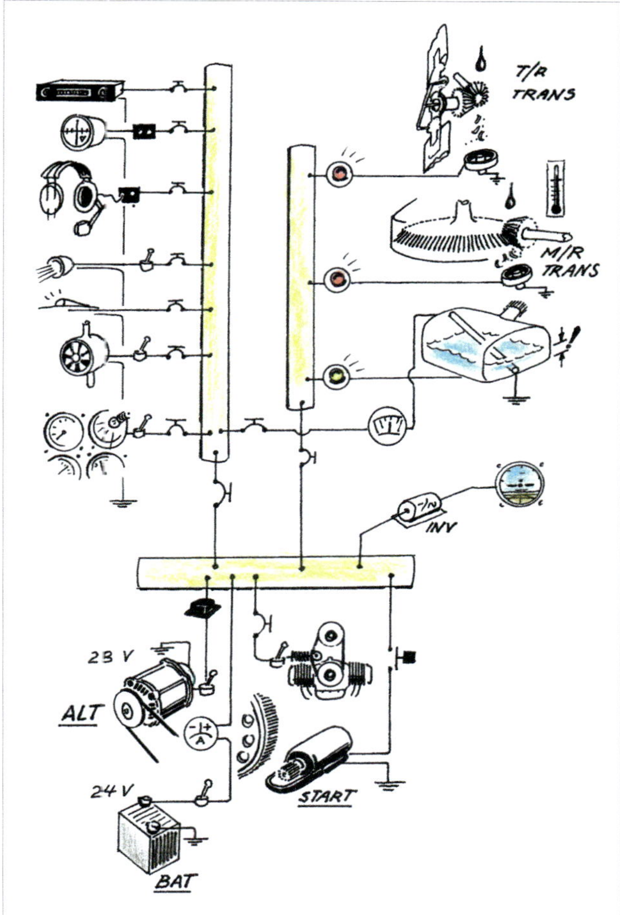

Abb. 185: **Die elektrische Anlage wird von einer Batterie versorgt und deren Ladung durch einen Generator. Die Verbraucher sind symbolisch dargestellt mit ihrem Anschluss an Schienen. Der Kolbenmotor ist batterieunabhängig, da er mit zwei Zündmagneten betrieben wird.**

Verbindungen

Die wesentlich höhere Betriebsdrehzahl der Triebwerke muss für die relevanten Strömungsverhältnisse der Rotoren herabgesetzt werden. Außer dem Reduktionsgetriebe befindet sich eine Verbindung im Antriebstrakt, die in Form einer Fliehkraftkupplung oder einer flexiblen Welle ein widerstandsärmeres Anlassen ermöglicht. Häufig werden bei kleineren Hubschraubern Keilriemen als Verbindungselemente eingesetzt. Die am Untersetzungsgetriebe anschließende Heckrotorwelle ist im Ausleger mehrfach gelagert und mündet bei gekröpften Designs zunächst in ein Umlenkgetriebe, bevor sie am höchsten Punkt in das eigentliche Heckrotorgetriebe führt. Ein gerader Ausleger erspart den größeren Bauaufwand des Zwischengetriebes unter Inkaufnahme geringer aerodynamischer Nachteile.

Von den horizontalen Stabilisierungsflossen sind nur wenige beweg-

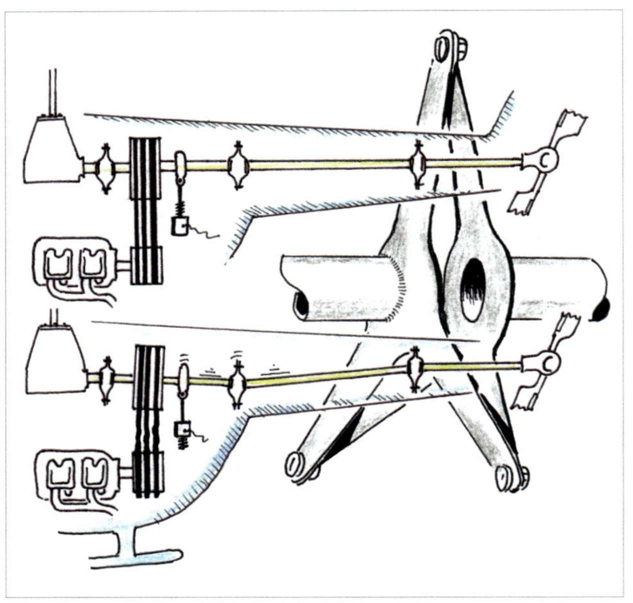

Abb. 186: **Hier werden über eine biegsame Welle Keilriemen ge- oder entspannt. Dies wird durch „Flex-Gates" ermöglicht, vergleichbar mit einer kardanischen Kupplung.**

lich und vertikale „Seitenleitwerke" finden sich üblicherweise bei den Koaxialhubschraubern.

Auch die Rumpfquerschnitte sind unterschiedlich. Zumeist werden runde bis hochovale Kabinenformen bevorzugt, da sie speziell im Schwebeflug den Rotorstrahl weniger verdrängen als solche von mehr querovalen bis quasi horizontal abgerundeten rechteckigen Kabinen. Als Beispiele sind die Bell-206 und Bell-205 hervorzuheben. Generell sind die Rumpfunterseiten abgeflacht und bilden hier dementsprechende Leewirbel des Rotorstrahls. Der Mehraufwand an Leistung durch die Beaufschlagung des Rumpfes beträgt ca. 3 %. Dies wird als Einbauzahl bezeichnet. Bei manchen Rümpfen kann bei Vorwärtsfahrt – besonders im Sinkflug – eine gewisse Auftriebswirkung entstehen.

Der Antrieb

In den meisten Kleinhubschraubern sind Kolbentriebwerke installiert. Bei über 350 PS nutzt man Turbinentriebwerke. Kolbenantriebe sind überwiegend 4- bis 6-Zylinder-Reihenmotoren, in einigen Hubschraubern wurden früher auch Sternmotoren verwendet. Einen komplexen Strukturaufwand bedeutet die Kraftübertragung und Verteilung auf die Rotoren. Oft sind dabei

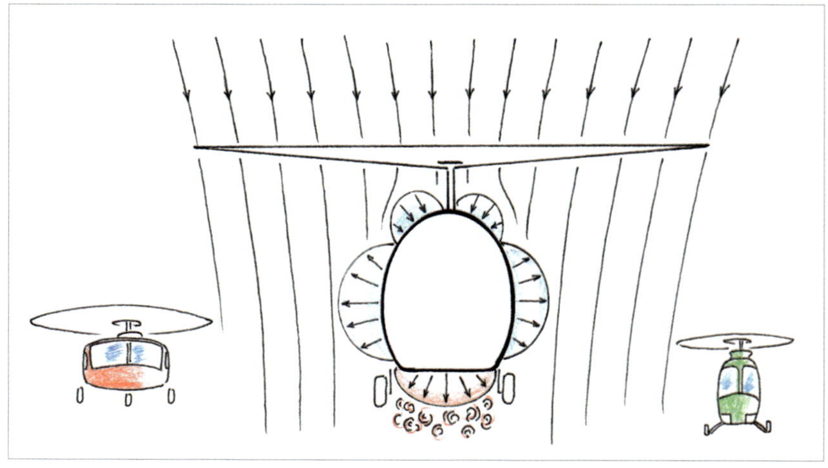

Abb. 187: **Rumpfformen erzeugen auch durch ihren Querschnitt unterschiedlichen Widerstand besonders im Schwebeflug. Der aufzubringende Schub beträgt ungefähr 3 % mehr als das Gewicht – als Einbauzahl bekannt.**

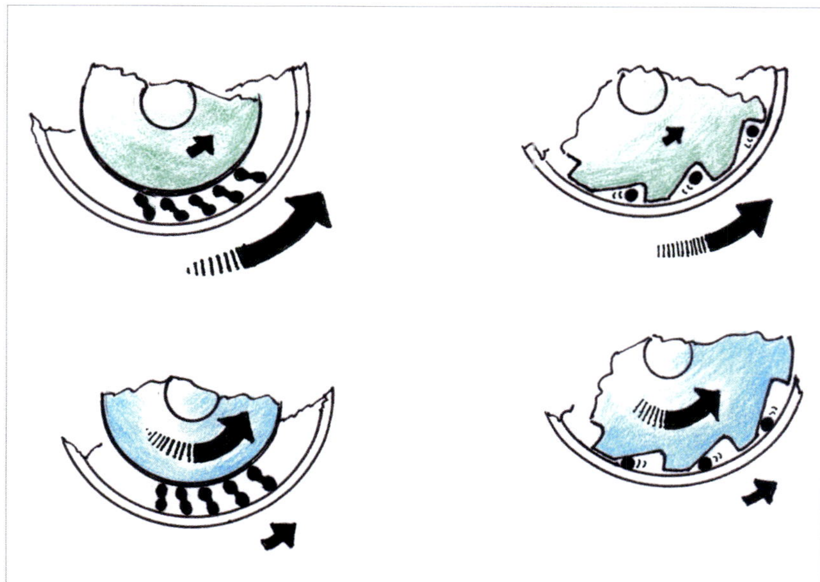

Abb. 188: **Freilauffunktion und starre Verbindung zweier Systeme. Links stellt die „Sprag type" eine antriebslose und eine feste Situation dar. Rechts die gleichen Funktionen mit der Klemmrollentechnik.**

größere Entfernungen und mehrere Lagerstellen zu überbrücken. Antriebswellen sind auch „nebenbei" von Steuerungselementen begleitet.

Wichtig ist eine Trennmöglichkeit zwischen Triebwerk und den dynamischen Komponenten, etwa bei Triebwerksausfall. Dafür sorgt ein Freilauf.

Für die Kraftübertragung sind Fliehkraftkupplung oder auch sogenannte Sprags oder Klemmrollen mit Freilauffunktion eingebaut. Die hohen Triebwerksdrehzahlen werden über Planetengetriebe reduziert. [Abb. 189]

Die Funktionsweise des Kolbenmotors ist hier dargestellt. Sie unterscheidet sich nur unwesentlich von jener des Automotors. Der im Helikopter gebrauchte ist luftgekühlt, arbeitet bei niedrigeren und konstanten Drehzahlen auch bei wechselnden Belastungen.

Die Kraftstoffversorgung ist vereinfacht ohne „Governor" dargestellt.

Die Arbeitsweise der Turbine lässt sich mit den vier Takten des Kolbenmotors vergleichen. Ansaugen-Verdichten-Verbrennen-Auspuff. Die Bauarten sind verschieden, besonders was

Abb. 189: **Die hohen Triebwerksdrehzahlen müssen weit vor der Ankunft in den Rotorsystemen drastisch reduziert werden. Neben der Untersetzung durch Zahnradstufen werden Planetengetriebe eingesetzt.**

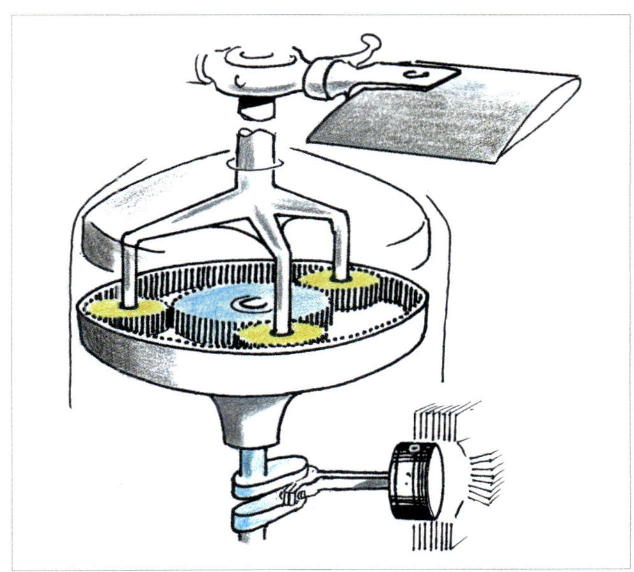

Abb. 190: **Der Otto-Motor und seine vier Takte.**

die Luftzuführung betrifft – ob Radial-oder Axial-Verdichter. Auch die Brennkammer kann in Trommelform oder wegen kürzerer Bauform eine „gestülpte“ Art aufweisen.

Die Effektivität der Turbine beruht nicht wie beim reinen Jet auf Rückstoß, sondern auf der Beaufschlagung der Verbrennungsgase auf die Arbeitsturbinenstufe. Das Funktionsprinzip ist mit der Propellerturbine vergleichbar. Teilweise drehen die Stufen mit über 40.000 U/min. Übrigens beträgt der Restschub des Ausstoßes bei größeren Aggregaten „nur“ ein paar Hundert Kilopond. Durch die Position dieser Antriebe unterhalb des „Aufhängepunktes“ und der nach rückwärts gerichteten Auslässe entsteht ein aufrichtendes „Nose up“-Moment, ein typisches Merkmal von turbinengetriebenen Helikoptern.

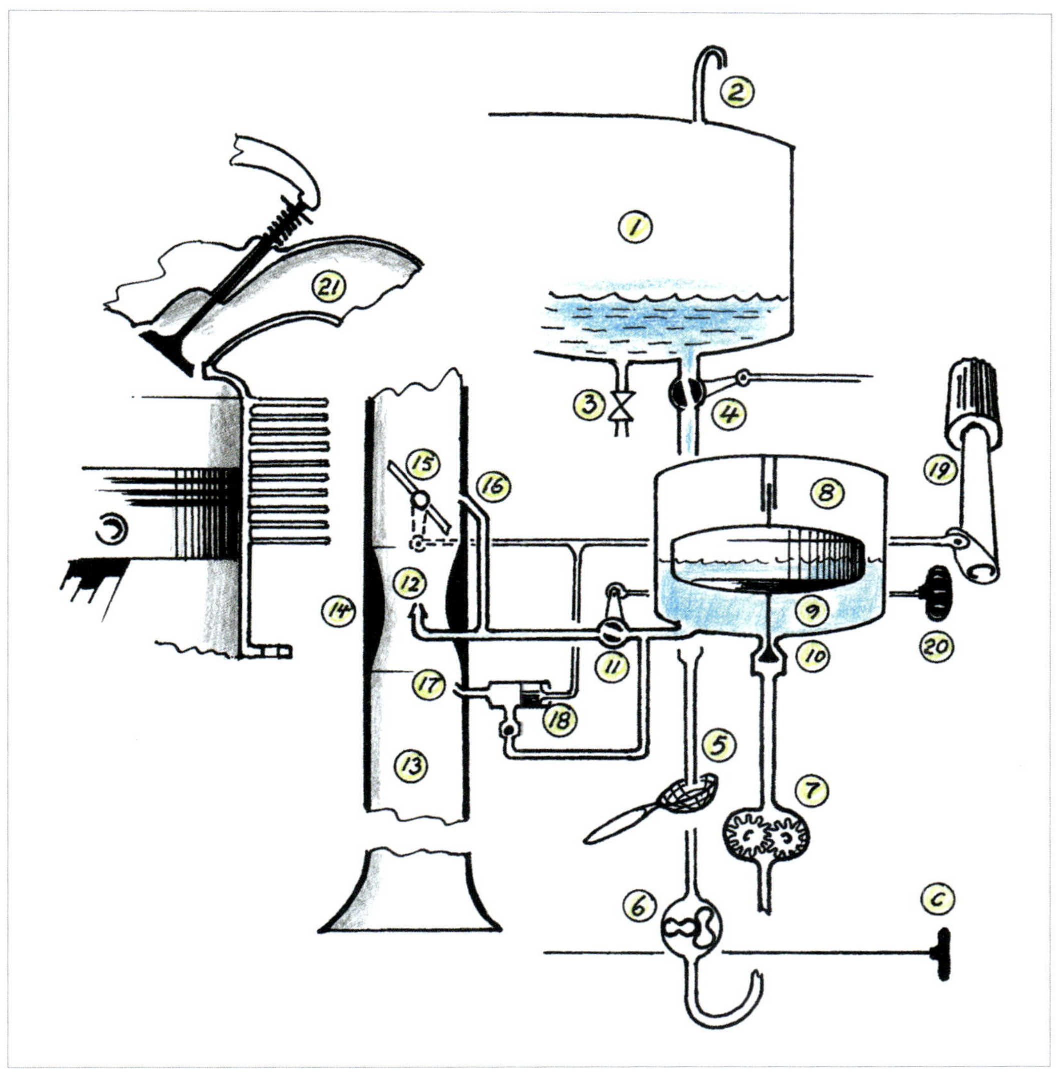

Abb. 191: **Kraftstoffanlage des Verbrennungsmotors**
1 Tank, 2 Ent-und Belüftung, 3 Ablass, 4 Absperrhahn, 5 Filter, 6 Pumpe, 7 Pumpe, 8 Schwimmerkammer, 9 Schwimmer, 10 Schwimmerventil, 11 Brandhahn, 12 Hauptdüse, 13 Ansaugschacht, 14 Venturihals, 15 Drosselklappe, 16 Leerlaufdüse, 17 Beschleunigerdüse, 18 Beschleunigerpumpe, 19 Gasdrehg-iff, 20 Gemischhebel, 21 Einlassventil.

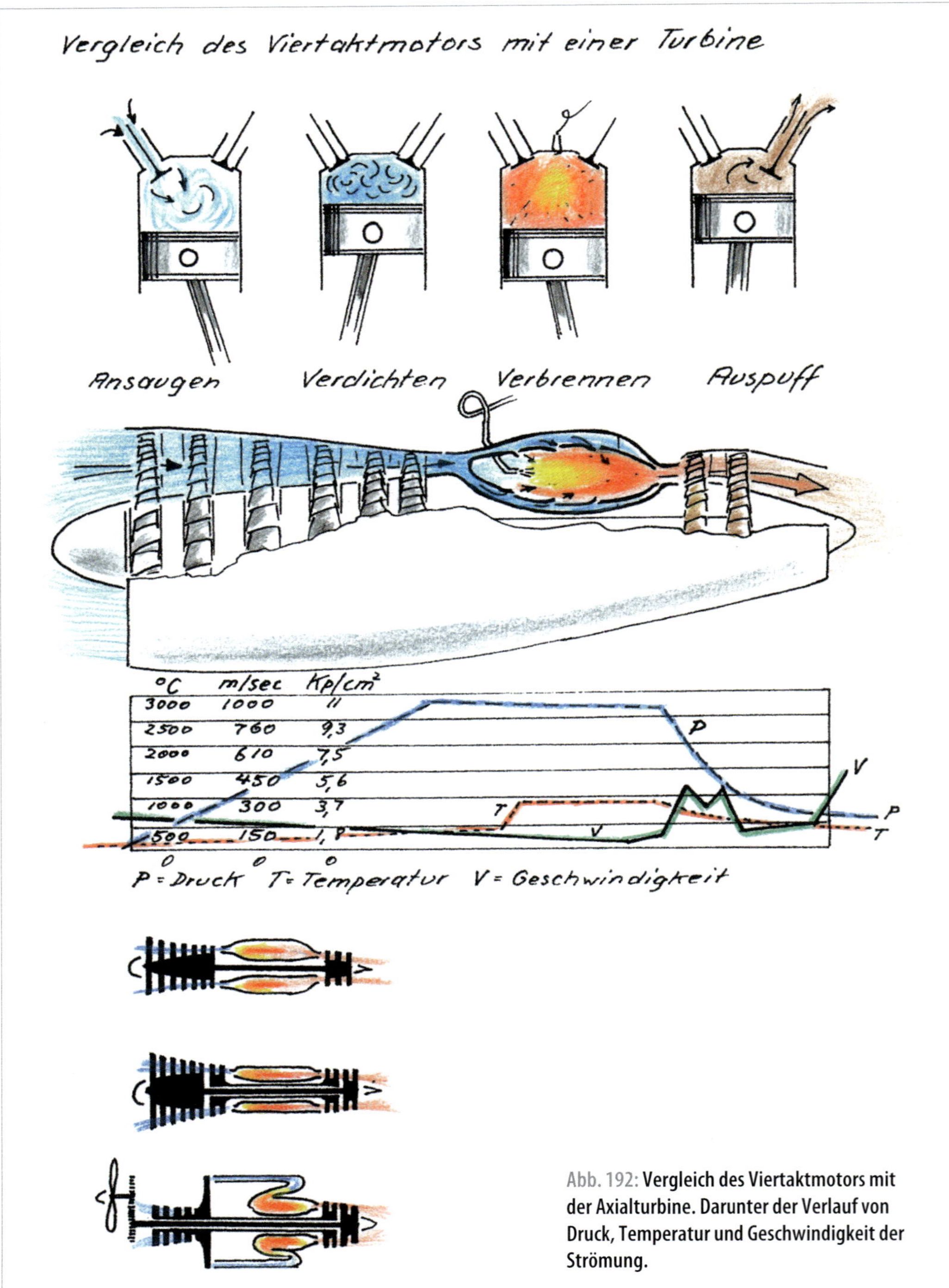

Abb. 192: **Vergleich des Viertaktmotors mit der Axialturbine. Darunter der Verlauf von Druck, Temperatur und Geschwindigkeit der Strömung.**

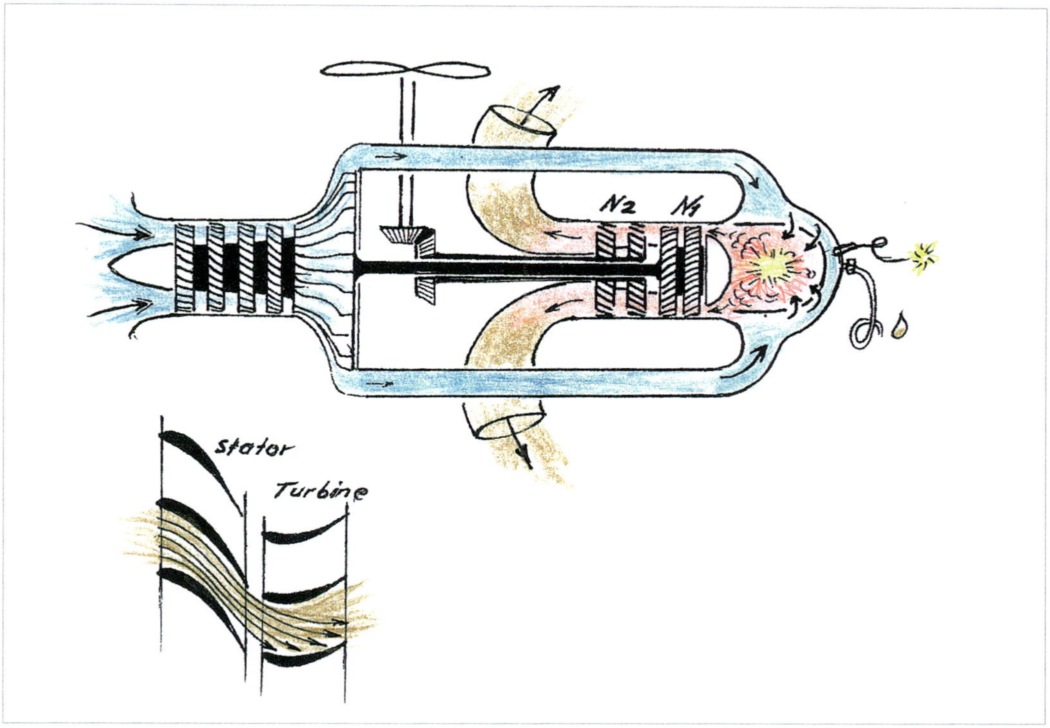

Abb. 193: **Turbine mit Axial- und Radialverdichter und Topfbrennkammer.**

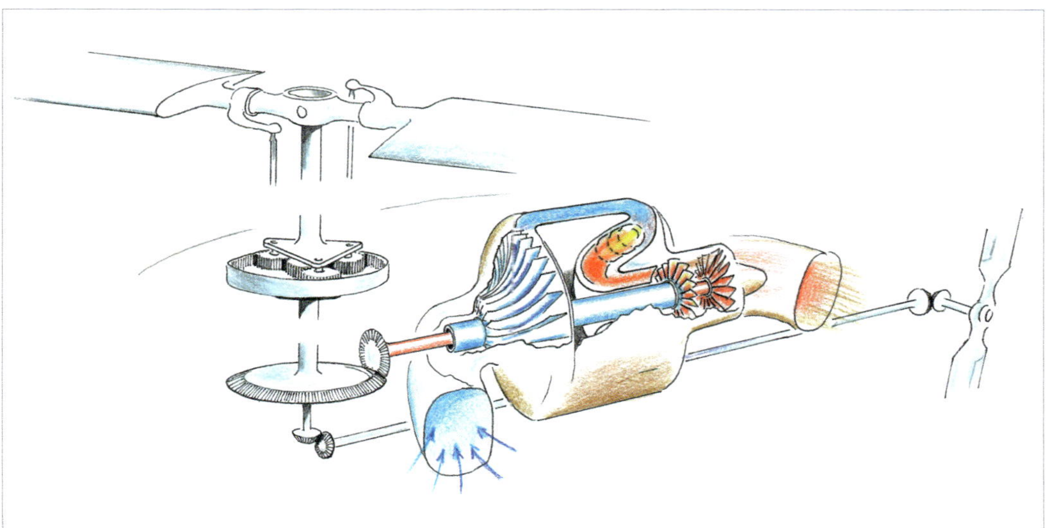

Abb. 194: **Gestülpte Brennkammer, N1- und N2-Turbine sowie der Antrieb durch die Hohlwelle hindurch zu den Untersetzungsstufen und zum Rotorsystem.**

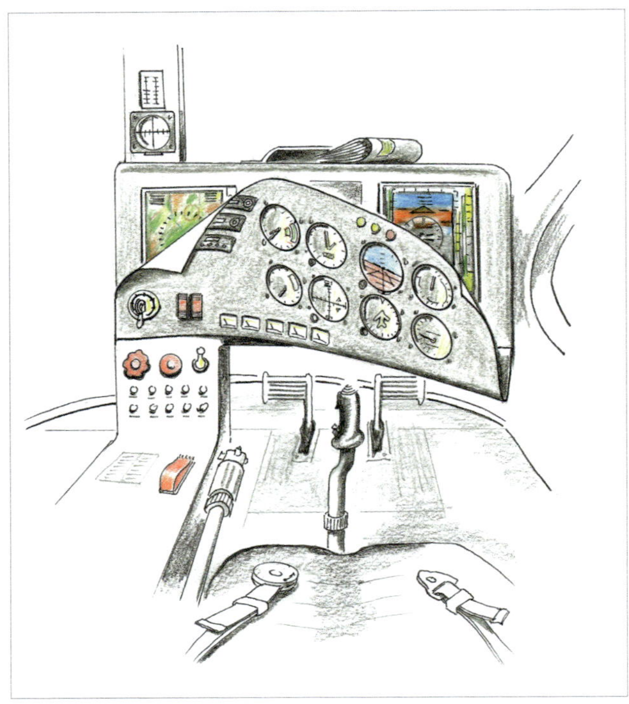

Abb. 195: **Cockpit im noch nicht digitalisierten Stil. Diese Auslegung entspricht weitgehend dem ergonomischen Prinzip und ist – was die Avionics betrifft – als Basis für weitere Entwicklung anzusehen.**

Abb. 196: **Künstlicher Horizont**

Die Kommandozentrale

Heutzutage hat die Digitalisierung das Hubschraubercockpit übernommen. Viele analoge Instrumente sind durch logisch symbolisierte Elemente im Glascockpit ersetzt und mit fliegerisch relevanten Informationen kombiniert. So befindet sich der Hubschrauber optisch im Flugzustand über der Landschaft und bietet gleichzeitig die wichtigsten Parameter wie z. B. Fahrt, Höhe, Richtung und Position, auch Situation zu Luftraumstruktur und ggfs. Warnung vor Hinderniskollision.

Auch wenn die „Anzeigetafel" total „avionicisiert" sein wird, ist ein kurzer Streifzug durch die klassischen Funktionsprinzipien von manchen Geräten durchaus interessant. So sind barometrische Anzeigen und Kreiselgeräte dargestellt.

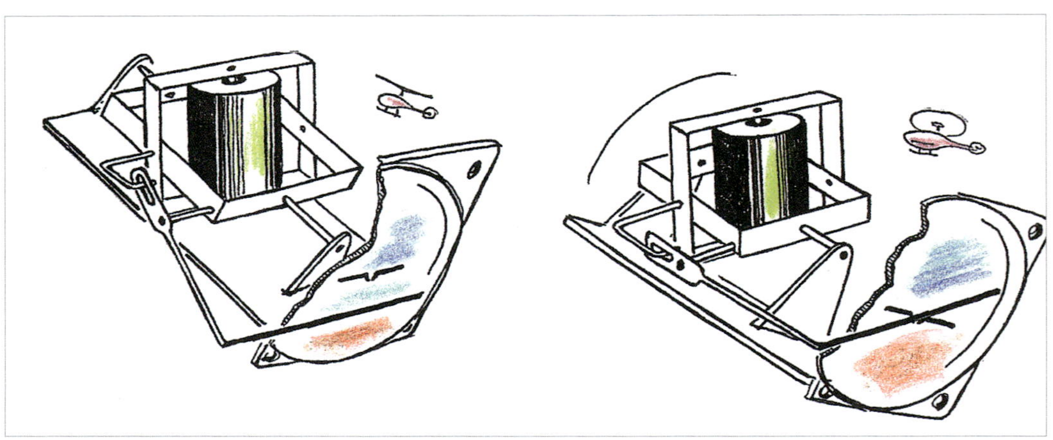

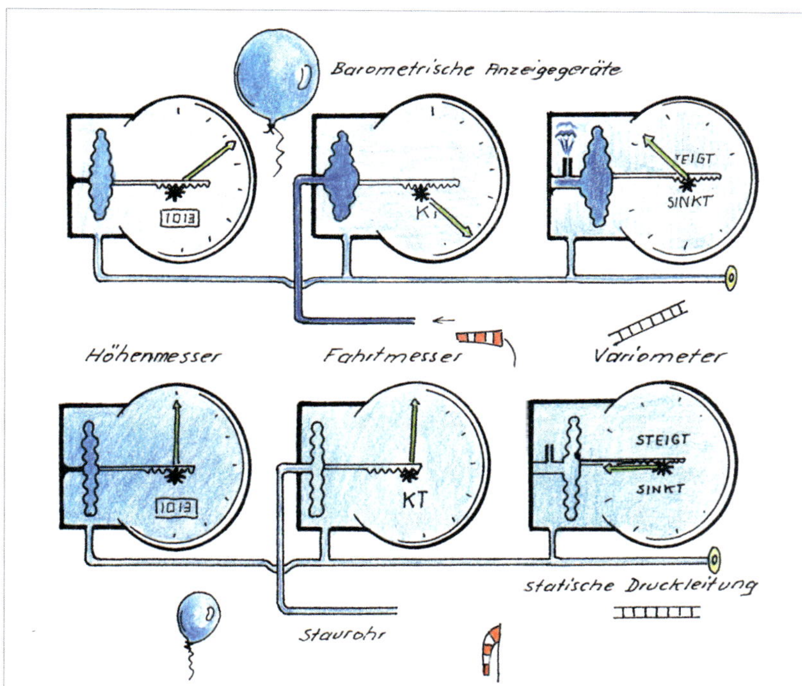

Abb. 197: **Die Funktion der barometrischen Anzeigegeräte beruht auf der Expansion einer Aneroiddose und Kontraktion bei Luftdruckwechsel.**

Abb. 198: **Der Wendezeiger reagiert auf die Präzession des Kreisels bei einer Drehung um die Hochachse. Der Kreisel des künstlichen Horizonts (siehe Abbildung 196) verharrt in seiner Lage in einem kardanischen Käfig. Bei Fluglageänderung bewirkt das Übertragungsgestell die entsprechende Anzeige auf der Gerätefront.**

KAPITEL 12

Gewichte & Schwerpunkt

Viele Störungen und Schlimmeres waren schon durch unsachgemäße Beladung, genauer: durch zu hohes Abfluggewicht oder falsche Schwerpunktlage, verursacht worden. Bereits geringe Verlagerung des Schwerpunktes bewirkt mit längerem Hebelarm deutliche Einflussnahme auf die Fluglage und gravierende Einschränkung der Steuerausschläge. Bei der Berechnung der Schwerpunktlage sind die bekannten Hebelgesetze nach der Formel „Last mal Lastarm gleich Hebelarm" anzuwenden.

Abb. 199: **Aus Gründen der Steuerbarkeit und der Flugsicherheit wegen müssen Gewicht und Schwerpunktlage stimmen.**

Abb. 200: **Bei der Gewichtsverteilung wird oft nicht der Hebelarm bedacht, mit dem selbst geringe Massen gewaltigen Einfluss auf die Fluglage nehmen können. Schon beim Abheben zeigen sich missliebige Tendenzen.**

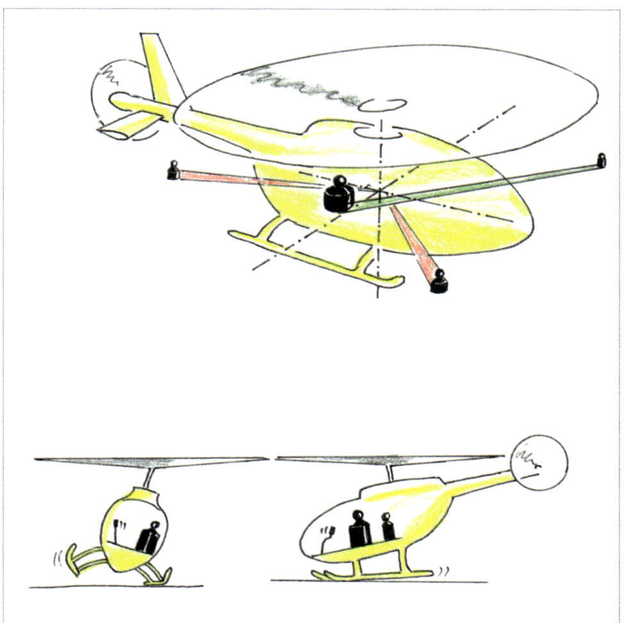

Beim Entwurf und Betrieb von Drehflüglern muss auch auf die korrekte Lage des Schwerpunktes geachtet werden. Der Schwerpunktbereich ist oft sehr begrenzt. Eine ungleichmäßig verteilte Ladung neigt den Rumpf in ihre Richtung, die Rotorebene neigt sich ebenfalls und die aufholende Fahrt kann im Extremfall nicht mehr verringert werden, da der Gegensteuerausschlag auch begrenzt ist. Der Schwerpunkt soll im unteren Rotormastbereich liegen, sodass im Flug kein extremes Kippen des Rumpfes zustande kommt.

Gewichte können umwerfende Wirkung haben

Abb. 201: **Beim Absetzen auf schiefen Flächen kann die extreme Beladungssituation, verstärkt durch hohe Rumpfstruktur und schmales Landewerk, die Kippgefahr verstärken.**

Je schwerer die Ladung ist, umso näher muss sie am Schwerpunkt liegen. Eine leichtere Ladung bewirkt bei größerer Entfernung vom Schwerpunkt durch Hebelwirkung bereits spürbare Fluglageveränderungen. Beladungen, die sich während des Fluges verändern, z. B. verlagernde Kraftstoffmengen in ihren Zellen durch Verbrauch, sind möglichst im Schwerpunktbereich untergebracht. Bei leichten Hubschraubern kann die Fluglage bereits durch Verlagerung der Körperhaltung deutlich beeinflusst werden. Wie beim Flächenflugzeug führen auch beim Hubschrauber die Bewegungsachsen durch den Schwerpunkt (beim Starrflügler besteht abhängig vom Verwendungszweck Abstand zwischen Schwerpunkt und Querachse). Vor dem Flug muss im Flughandbuch die jeweilige Beladebegrenzung ermittelt werden und die Beladung verzurrt sein. Bei extremen Schwerpunkten ist besonders während

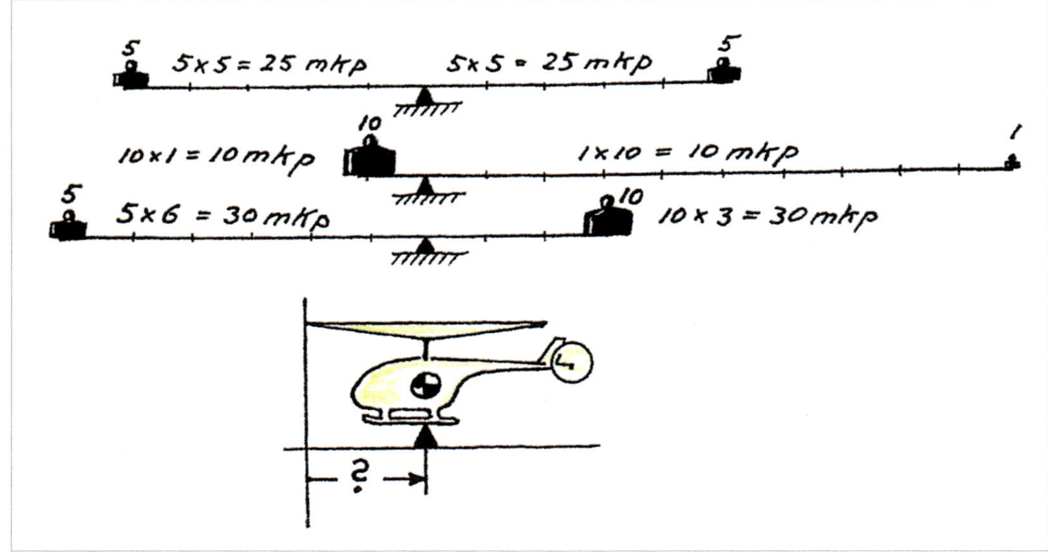

Abb. 202: **Bei der Gewichtsverteilung wird oft nicht der Hebelarm bedacht, mit dem selbst geringe Massen gewaltigen Einfluss auf die Fluglage nehmen können. Schon beim Abheben zeigen sich missliebige Tendenzen.**

des Abhebens und Absetzens Vorsicht geboten, da sich das Landewerk bei Kipptendenzen verhaken kann. Diese Neigung ist bereits von 2-Sitzern bei Soloflügen bekannt. Bei Landeabsichten mit ungünstigem Schwerpunkt und dadurch extremer Fluglage kann u. U. eine Landefläche gewählt werden, die der Schräge des Landegestells entspricht und ein „paralleles" Aufsetzen ermöglicht. Schon geringe Abweichungen von der zulässigen Schwerpunktsituation können diese gefährlich werden lassen, wenn durch zu starke Neigung des Hubis die Massenkonzentration an den Rand des Fahr- oder Landewerksgerät.

Der Schwerpunktberechnung liegen die Hebelgesetze zugrunde. Würde man den Hubschrauber auf einer Kante aufsetzen, bliebe er so lange in Waage, wie die Stütze exakt unter seinem Schwerpunkt steht. Sobald auf einer Seite ein Gewicht oder dessen Abstand zum Auflagepunkt verändert wird, muss die gleiche Bedingung am anderen „Hebel" hergestellt werden, damit Gleichgewicht herrscht – unter Beibehaltung der Schwerpunkt-Station.

Zur Vereinfachung wird der „Wägebalken" theoretisch an einen Punkt außerhalb des Hubschrauberrumpfes versetzt, sodass mit gleichen Vorzeichen gerechnet werden kann. Diese Bezugslinie oder „Station Null" liegt oft am Vorderrand der Rotorkreisebene oder in einem definierten horizontalen Abstand zur Rotormastmitte. Von hier aus werden die Einzelelemente berechnet nach der Regel: Last x Hebelarm = Moment und dann addiert. Dividiert man das Gesamtmoment durch das Gesamtgewicht, erhält man den „Hebelarm", die Station, an der das Mittel sämtlicher Elemente angreift. Dies betrifft die längenmäßige Lage des Schwerpunktes im Abstand zur Bezugsebene.

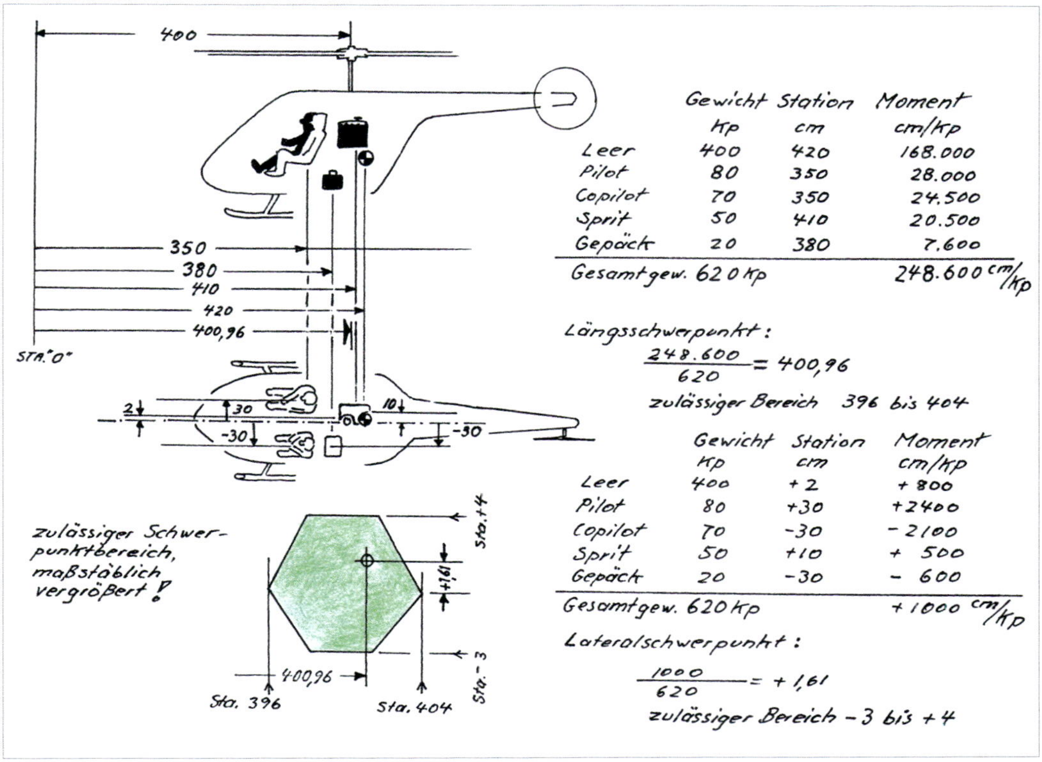

400
Gewicht Station Moment
kp cm cm/kp
Leer 400 420 168.000
Pilot 80 350 28.000
Copilot 70 350 24.500
Sprit 50 410 20.500
Gepäck 20 380 7.600
Gesamtgew. 620 kp 248.600 cm/kp
350
380
410
420
400,96
STA."0"
Längsschwerpunkt:
248.600 / 620 = 400,96
zulässiger Bereich 396 bis 404
2
30
-30
10
-30
Gewicht Station Moment
kp cm cm/kp
Leer 400 +2 +800
Pilot 80 +30 +2400
Copilot 70 -30 -2100
Sprit 50 +10 + 500
Gepäck 20 -30 - 600
Gesamtgew. 620 kp +1000 cm/kp
Lateralschwerpunkt:
1000 / 620 = +1,61
zulässiger Bereich -3 bis +4
zulässiger Schwerpunktbereich, maßstäblich vergrößert!
Sta. +4
+1,61
Sta. -3
400,96
Sta. 396
Sta. 404

Gesamtmoment
400,96
max. Abfluggewicht
620
Fluggewicht
höchstzulässiges Gesamtmoment

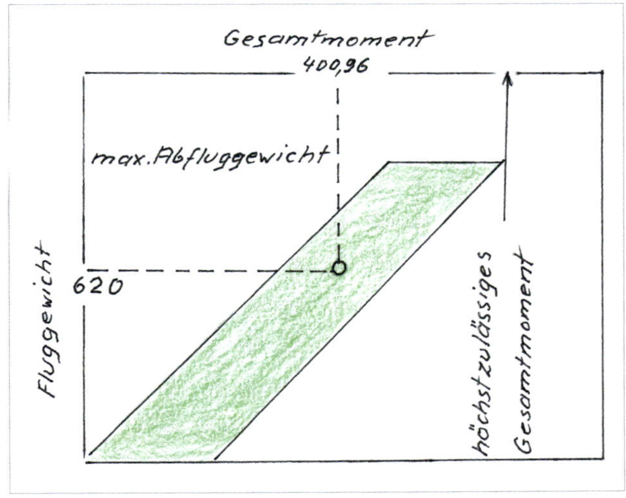

Abb. 203: Dieses Beispiel zeigt die Hebelwirkung und entsprechende Gleichgewichts-Situation in verschiedener Positionierung der Einzellasten. Zur Berechnung wird eine Basislinie festgelegt: die sogenannte Station „Null".

Abb. 204: Der Schnittpunkt von Abfluggewicht und Gesamtmoment muss im hier gezeigten grünen Bereich liegen. Die Funktion scheint relativ tolerant, aber die Überschreitung kann auch schnell erfolgen!

Übungen zur Schwerpunktberechnung

Übung 1

Leergewichtsschwerpunkt:
Leergewicht 910 kp
Abstand von Bezugsebene 512 cm
910 kp • 512 cm = 465.920 cmkp

Pilot & Passagier 160 kp
Abstand von Bezugsebene 430 cm
160 kp • 430 cm = 68.800 cmkp

Kraftstoff 167 Ltr (0,72) 120 kp
Abstand von Bezugsebene 505 cm
120 kp • 505 cm = 60.600 cmkp

Gepäck 10 kp
Abstand von Bezugsebene 520 cm
10 kp • 520 cm = 5.200 cmkp

	kp	Station (cm)	Moment (cmkp)
Leergewicht	910	512	465.920
Pilot & Passagier	160	430	68.800
Kraftstoff	120	505	60.600
Gepäck	10	520	5.200
Gesamtgewicht	1.200 (GG)		600.520 Gesamtmoment (GM)

$$\frac{GM}{GG} = \text{Station} = \frac{60.520}{1.200} = 500{,}4 \text{ cm}$$

Die Station liegt also bei 500,4 cm.

Die laterale Schwerpunktermittlung wird im Prinzip ähnlich unternommen. Es werden z. B. links und rechts vom Rotormast die Vorzeichen entsprechend verwendet, da dieser als Bezugslinie dienen kann.

WEIGHT & BALANCE

Wie bei jedem Luftfahrzeug ist auch im Hubschrauber das Gewicht und dessen Schwerpunkt von großer Bedeutung. Die Konzentration des gesamten Gewichts muss im vorgegebenen Bereich in der Nähe des aerodynamischen Mittelpunktes plaziert sein. Bei zu großer Verlagerung kann dadurch die Grenze der Steuerbarkeit erreicht werden und eine gefährliche Fluglage entstehen. So muss auch bei Veränderung oder Verlagerung von Gewicht in Form von Passagieren, Gepäck und auch Kraftstoff der vorgeschriebene Rahmen eingehalten werden. Bei Berechnung von „Weight & Balance" wird nach dem üblichen Muster „Last x Lastarm = Moment" verfahren. Ein geringer Gewichtskörper kann in größerem Abstand gleichen Einfluss ausüben wie ein größeres Gewicht in Schwerpunktnähe.

Übung 2

	Gewicht	Station	Moment
Leergewicht	700	510	357.000
Pilot	80	270	21.600
Copilot	80	270	21.600
Passagier	70	450	31.500
Sprit 250 Ltr bei 0,72 spez. Gew.	180	520	93.600
Gepäck	10	630	6.300
	1.120 kp	474,6	531.600 cmkp

Zulässiger Schwerpunktbereich lateral 471 bis 481 cm.
Jetzt soll das Gepäck mit 10 kp entnommen und ein anderes mit 40 kp zugeladen werden.

Somit sind 40 kp bei 360 cm = 25.200 cmkp

neues Gesamtgewicht 1.150 kp, neues Gesamtmoment 550.500 cmkp

neuer Schwerpunkt $\frac{GM}{GG}$ = bei Station 478,7 cm

Abb. 205: **Mit Einführung des starren Rotorsystems entwickelte sich auch eine weniger schwerpunktempfindliche Verhaltensweise.**

KAPITEL 13

Die Flugleistung

Bekanntlich ist mit dem Begriff Flugleistung nicht jene des Piloten gemeint, sondern die Kapazität des Hubschraubers. Beide Fähigkeiten können stark differieren oder auch harmonieren. Dazu gehört die genaue Kenntnis des Flughandbuches und der betreffenden Tabellen. Die Leistungsfähigkeit des Hubschraubers ist abhängig von seinem Fluggewicht, den atmosphärischen Bedingungen und von der Art, wie er gehandhabt wird.

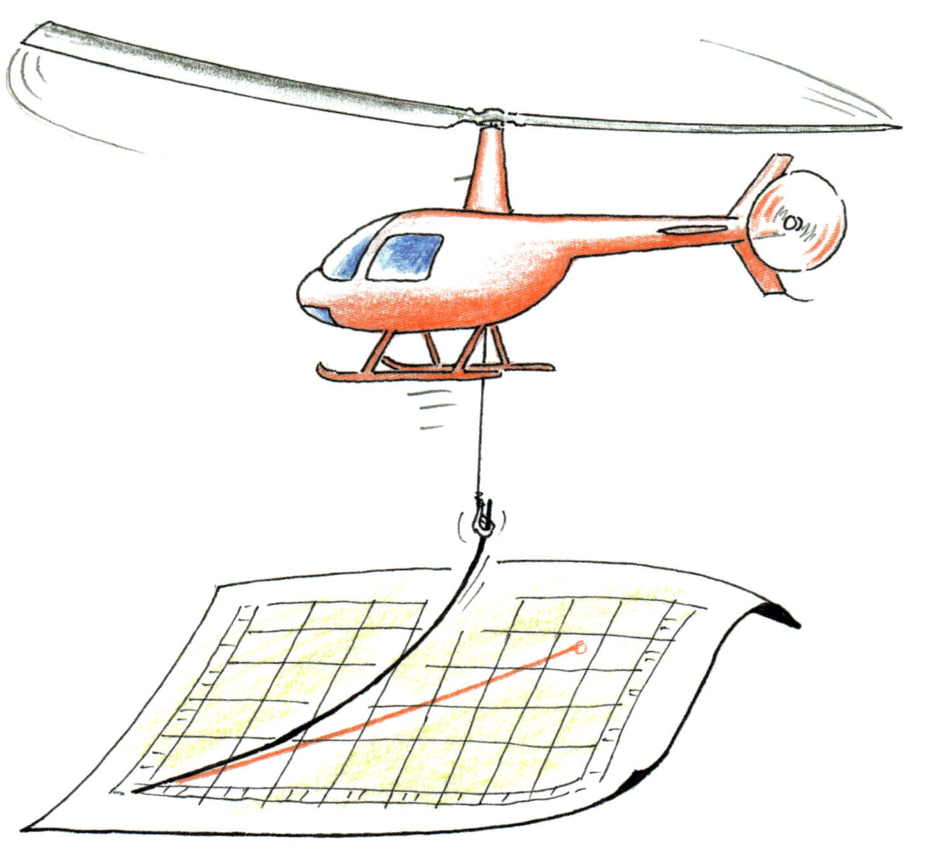

Abb. 206: **Die Handbuchwerte sollte man nie aus dem Rahmen heben, die Steuerbarkeit kann auch blockiert werden.**

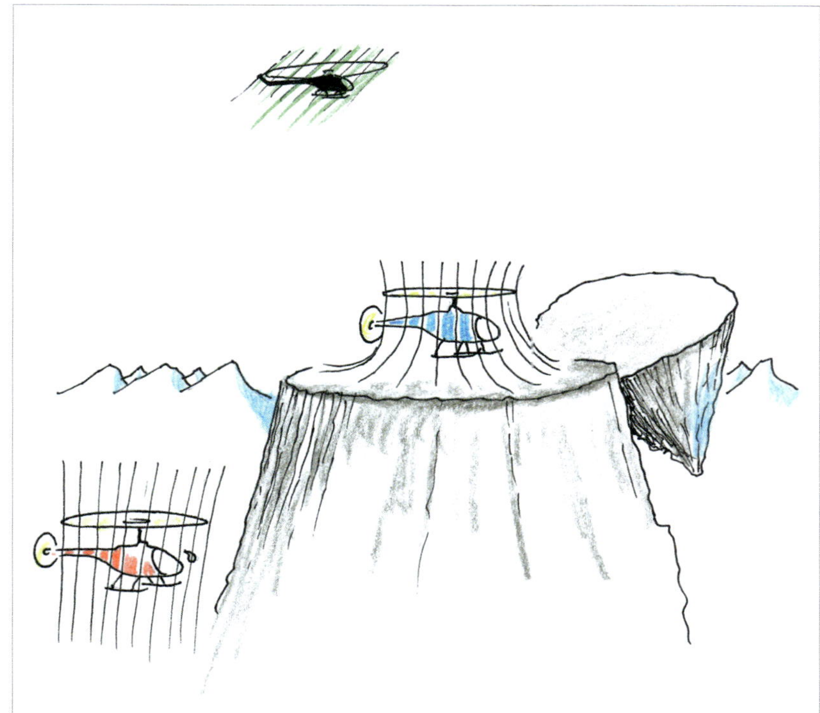

Abb. 207: **Bei der möglichen Nutzung des Bodenpolsters ist eine höhere Schwebehöhe möglich als ohne diese aerodynamische Unterstützung. Die Gipfelhöhe kann nur im schrägen Steigflug erreicht werden.**

Pilot & Hubschrauber – ein Gespann

Viele Zwischenfälle werden durch zu gewagtes Herantasten oder Überschreiten der Leistungsgrenzen verursacht. Angemessenes Beachten der Flugüberwachungs- und der Triebwerksparameter sichert das Erkennen von Gefahrenzuständen. Die Grenzen der Leistungsfähigkeit des Hubschraubers sind oft schnell erreicht und plötzlich überschritten. Die Leistung ist von einigen Faktoren abhängig. Das höchstzulässige Fluggewicht darf nicht überschritten werden, hohe Beladung mindert die Manövrierbarkeit und unübliche Lastverteilung führt zu eklatanten Schwerpunktlagen.

Erheblich beeinflusst die Leistung der jeweilige Zustand der Atmosphäre. Die größte Triebwerks- und Rotorleistung wird in Bodennähe (Meereshöhe) mit höchster Luftdichte erreicht. Mit der Höhe nimmt diese ab, somit auch die motorseitige und aerodynamische Leistung. Die Luftdichte selbst wird von der Temperatur und Feuchtigkeit beeinflusst. Im Sommer ist daher in großen Höhen an heißen feuchten Tagen der eingeschränkte Leistungshaushalt von allen Luftfahrzeugen zu beachten. Dagegen ist an kalten trockenen Tagen in Meereshöhe maximale Leistung verfügbar.

Wie jedes andere Luftfahrzeug erreicht der Hubschrauber irgendwann seine Gipfelhöhe, wenn in der dünnen

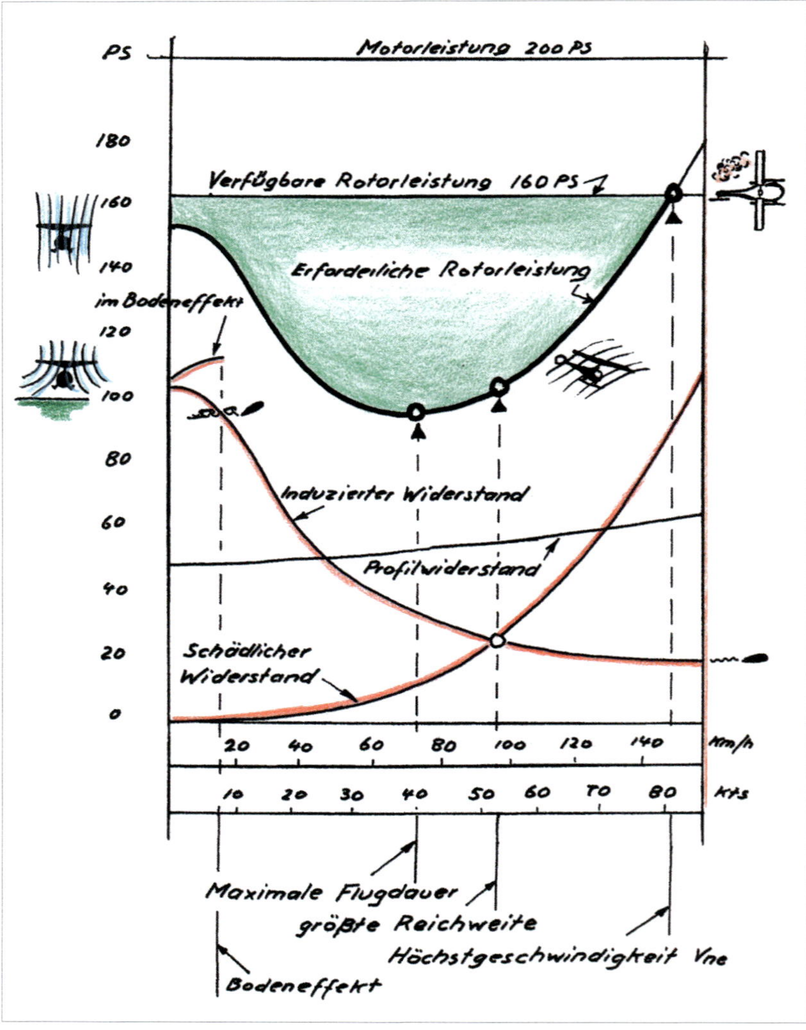

Abb. 208: **Der Leistungstabelle können Geschwindigkeiten bei bestimmten Leistungsparametern entnommen werden. Induzierter, schädlicher und Profilwiderstand sind auch fahrt/leistungsabhängig. Reichweite und Flugdauer sind von Interesse, wenn Streckenflüge geplant sind. Zwischen verfügbarer und erforderlicher Rotorleistung dehnt sich die Reserve aus.**

Luft z. B. vom Kolbentriebwerk keine Leistungsvergrößerung mehr zu erwarten ist und der Anstellwinkel der Rotorblätter am Maximum ankommt.

Diese Gipfelhöhe kann durch den Bodeneffekt um mehrere Tausend Fuß gesteigert werden. Der Leistungshaushalt des Hubschraubers wird in dem V/N-Diagramm dargestellt. Der erforderliche Leistungsbedarf erscheint im Zusammenhang von Fahrt, konstanter Höhe und Schwebeflug inner- und außerhalb des Bodeneffekts. So können z. B. die Geschwindigkeiten für maximale Flugdauer (bei geringstem Leistungsbedarf) und größte Reichweite mit der „Power“ entlang der Kurve entnommen werden. Die Leistungskurve beschreibt jeweils die Konstellation von Leistung und Fahrt.

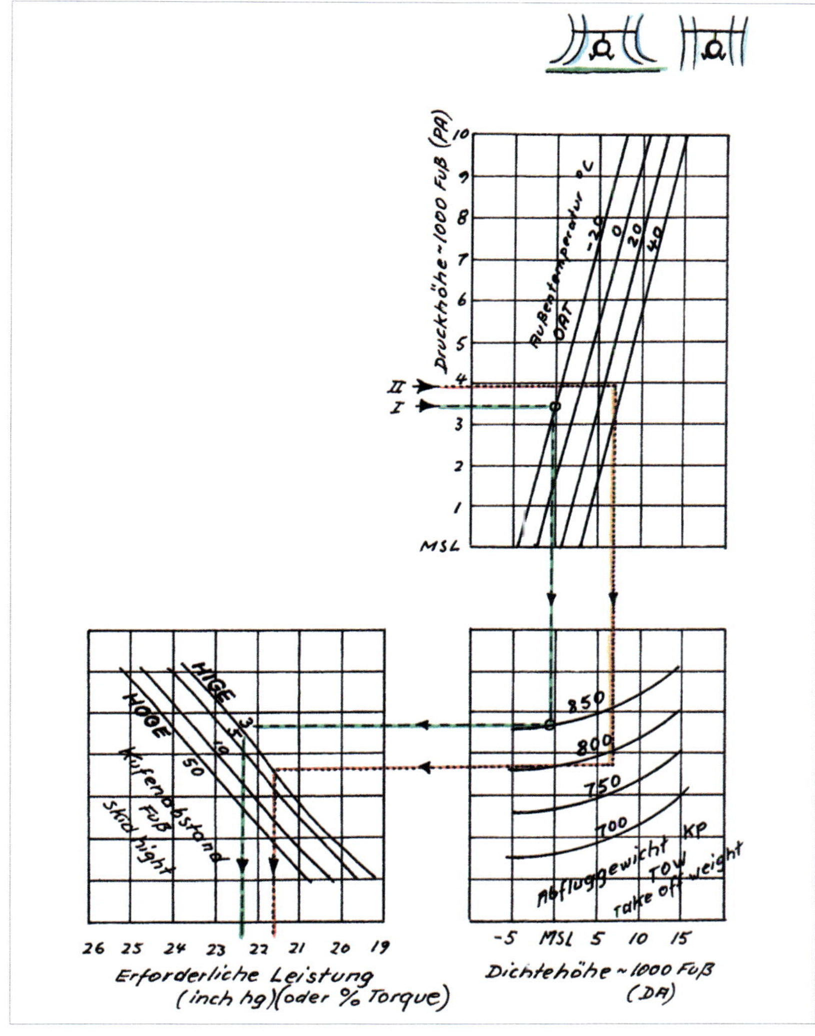

Abb. 209: **Die Leistungstabelle zeigt zwei verschiedene Flugbedingungen bezüglich Druckhöhe und Temperatur, Dichtehöhe, Abfluggewicht, Schwebehöhe mit Bodenabstand, also inner- oder außerhalb des Bodeneinflusses.**

An diesem Beispiel kann zwischen der erforderlichen und der verfügbaren Leistung die Reserve entnommen werden. Bis zum Erreichen der Geschwindigkeit für größte Flugdauer wird die Leistung auf das entsprechende Minimum reduziert (bei konstanter Höhe). Weitere Beschleunigung erfordert wieder Leistungszufuhr.

Leistungstabellen

Zugrunde liegen Druckhöhe, Außentemperatur, Abfluggewicht, Kufenabstand inner- und außerhalb des Bodeneffekts. Auch gering erscheinende Unterschiede hinsichtlich Abfluggewicht, Dichtehöhe und Hoverhöhe über Grund können sich dramatisch auswirken.

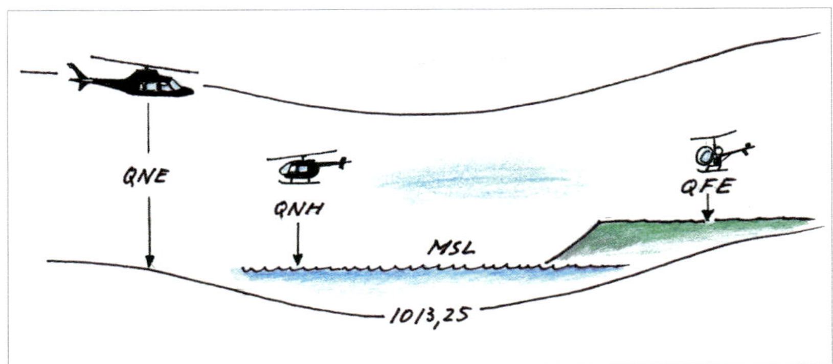

Abb. 210: Es wird nach verschiedenen Höhenmessereinstellungen geflogen. Die Q-Gruppen verwenden QNH für den auf mittlerer Meereshöhe herrschenden Luftdruck, QNE für die Druckfläche – auch Flight level – und QFE für den Druck auf Flugplatzhöhe.

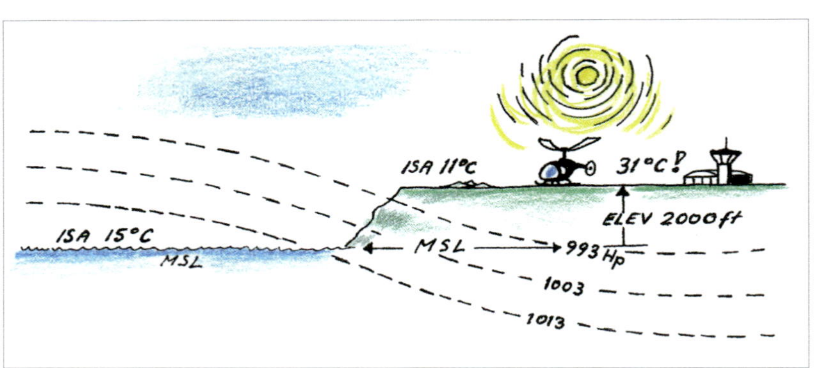

Abb. 211: Diese Matrix markiert anhand verfügbarer und erforderlicher Motorleistung die maximale Schwebehöhe. Die Kurve der verfügbaren Leistung zeigt die deutliche Abnahme mit der Höhe.

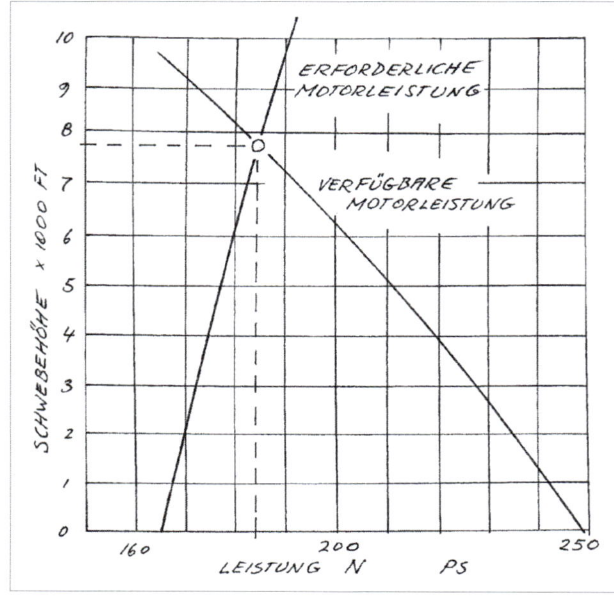

Abb. 212: Eine Methode zur groben Berechnung der Dichtehöhe ist in diesem Beispiel erklärt. Es kann zu gravierenden Einbußen für die Flugleistung führen, wenn anstatt der gewohnten kompakten atmosphärischen Bedingungen aufgrund der Hitze deutlich „dünnere" Luft herrscht und die Kapazitäten des Helikopters deutlich reduziert sind.

Beispiel 1 [Abb. 209]

Druckhöhe 3.500 Fuß, Außentemperatur -20 °C, Abfluggewicht 850 kp, Hoverflug im Bodeneffekt, Leistungsbedarf 22,4 inches.

Beispiel 2 [Abb. 213]

Beispiel einer Startstreckenberechnung

Druckhöhe 1.500 Fuß, Außentemperatur 15 °C, Abfluggewicht 730 kp,

Gegenwindkomponente 5 kt, = Startstrecke 150 Meter.

Für Start und Landung sollte eine Gegenwindkomponente genutzt werden – für schnellere Nutzung des Übergangsauftriebs.

Höhenmessereinstellungen
QNH: nach dem auf mittlerem Meeresniveau herrschenden Luftdruck, die Standardatmosphäre zugrundelegend.
QNE: nach der 1.013,25 hPa-Druckfläche (flight level)
Druckhöhe = Pressure Altitude = PA
QFE: Druck auf Flugplatzhöhe, absolute Höhe

Internationale Standard Atmosphäre ISA: In Meereshöhe (MSL, mean sea level = mittlere Meereshöhe) herrscht Luftdruck von 1.013,25 hPa, Temperatur 15 °C, Tempereaturabnahme pro 1.000 Fuß 2 °C, Null Feuchte, Druckabnahme pro 30 Fuß = 1 hPa.

Grobe Berechnungsmethode der Dichtehöhe (DA), entscheidend für Triebwerks- und aerodynamische Leistung.

Ein konstruiertes, aber realistisches Beispiel. [Abb. 211]

Platzhöhe über MSL 2.000 Fuß
QNH (Druck auf Meereshöhe) 993 hPa
barometrische Höhenstufung pro hPa entspricht 30 Fuß
1.013 hPa – 993 hPa = 20 hPa
Also 20 • 30 Fuß = 600 Fuß
Druckhöhe (PA) = ELEV 2.000 Fuß + 600 Fuß = 2.600 Fuß

Temperatur am Platz 31 °C (Aber nach ISA ^ T2 ° / 1.000 Fuß = 11 °C somit Temperatur am Platz = ISA + 20 °C (31 °–11 °C)

Bei Abweichungen von der ISA legt man pro Grad Celsius 120 Fuß zugrunde, so ergeben
20 °C: 20 • 120 Fuß = 2.400 Fuß
plus Druckhöhe = 2.600 Fuß
Dichtehöhe = 5.000 Fuß!

Beispiel der **Ermittlung der Gipfelhöhe** im Schwebeflug ohne Bodeneffekt.

In Bezugnahme der Triebwerksleistung zum Fluggewicht des Hubschraubers ergibt sich der Leistungsgrad

$$\text{Leistungsgrad} = \frac{\text{Triebwerksleistung}}{\text{Fluggewicht}}$$

Der Leistungsgrad ist für verschiedene Flughöhen berechnet und ist von der Rotorkreisflächenbelastung abhängig.

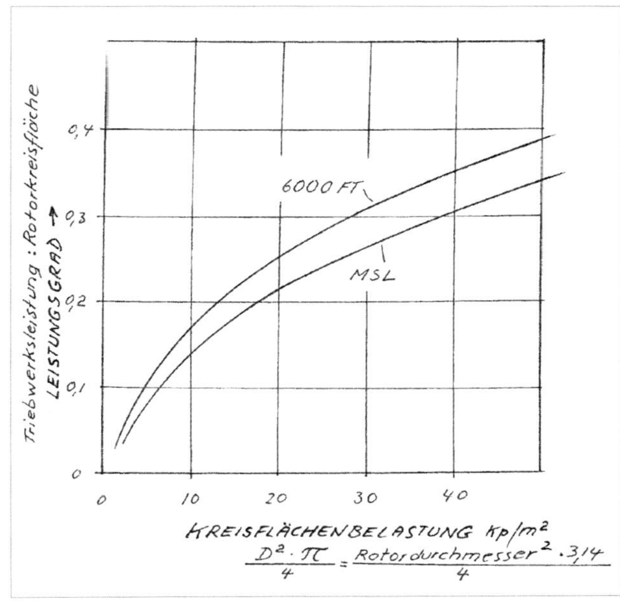

Abb. 213: **Hier wird der Leistungsgrad der Kreisflächenbelastung gegenübergestellt. So ist der Leistungsgrad von 0,3 in 6.000 Fuß ca. 28 kp /qm.**

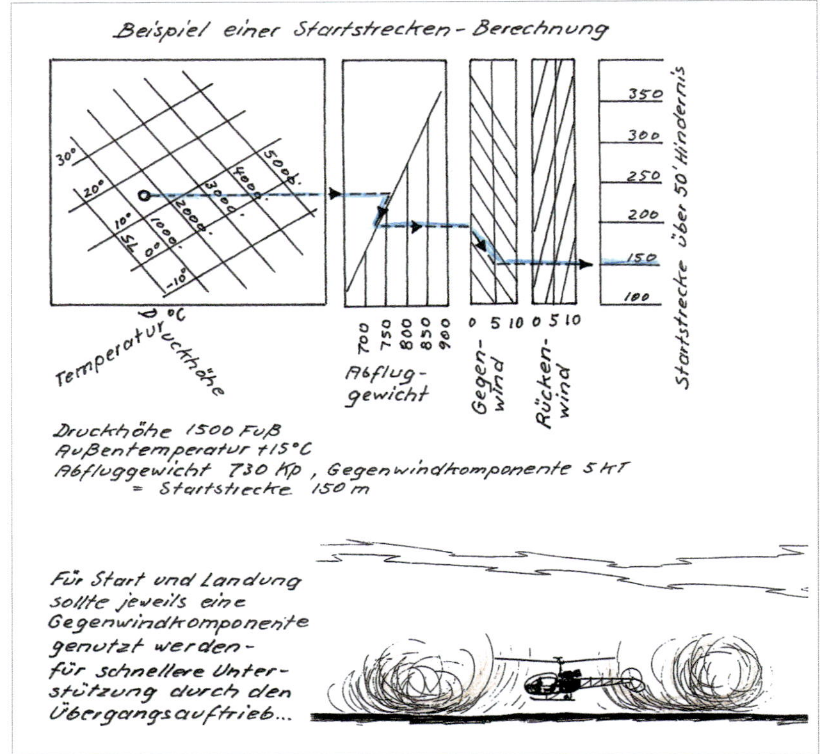

Abb. 214: **Bei der Berechnung der Startstrecke werden Druckhöhe, Temperatur, Abfluggewicht, Gegen- oder Rückenwindkomponente zugrundegelegt. Man beachte, dass eine Rückenwindkomponente drastisch die Strecke verlängert. Deshalb: Immer möglichst einen Gegenwind aufspüren!**

Fluggewicht • Leistungsgrad = erforderliche Motorleistung

Je höher das Fluggewicht, desto höher die Fächenbelastung und je größer die Flughöhe ist, desto höher der Leistungsgrad und umso mehr die erforderliche Triebwerksleistung.

Temperatur und Luftfeuchte ergeben die Dichte und wirken zusammen mit weiteren Faktoren.

Triebwerksabgase in unmittelbarer Nähe ohne Abdrift (etwa bei Windstille) mindern ebenfalls die Leistung, das kann auch recht deutlich ausfallen.

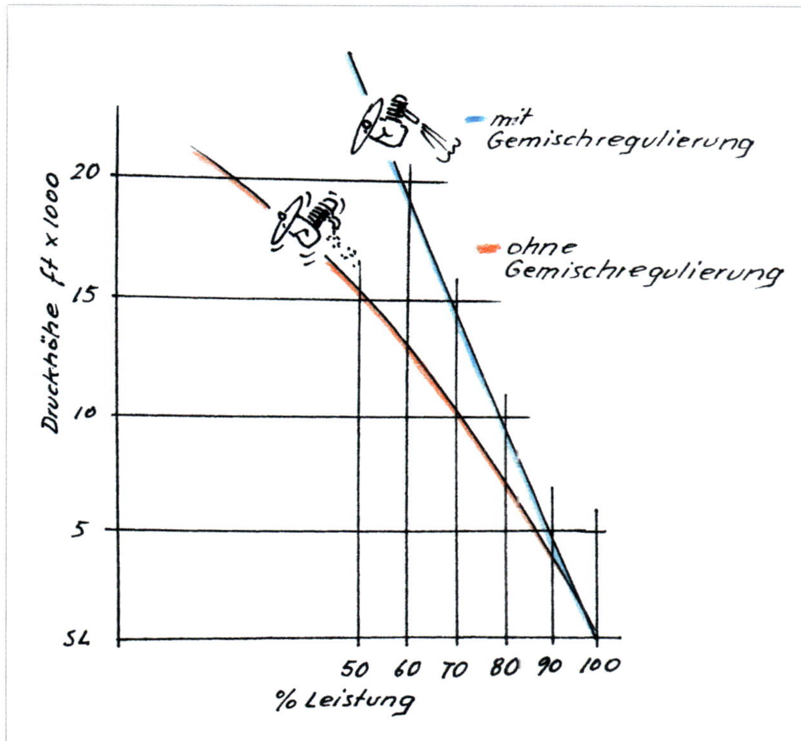

Abb. 215: **Hier zeigt sich die enorme Leistungsabnahme eines Kolbentriebwerks mit der Höhe, wenn das Kraftstoff-/Luftgemisch nicht angepasst wird. Die Gemischregulierung findet meist barometrisch gesteuert statt. Bei manueller Anpassung stets auf die Parameter achten!**

FLUGLEISTUNG

Bei der Anschaffung eines Hubschraubers ist nicht nur der finanzielle Aspekt von großem Interesse, sondern auch die Leistungsfähigkeit. Was kann transportiert werden, wie hoch ist der Kraftstoffbedarf, wie steht es um die Flugdauer und die Reichweite? Sehr schnell ist dann eine Grenze erreicht. Selbst bei den Leichtesten ist dann bei der Berechnung eines Flugvorhabens der Verzicht auf Mitnahme von Personen in Bezug auf Kraftstoffbedarf und Reichweite vordergründig. Die Kalkulation der verfügbaren Leistung ist zudem abhängig von Außentemperatur, Luftdichte, Windbedingung und Fluggewicht. So kann die maximale Schwebehöhe oft nicht ausreichen und man muss den Übergangsauftrieb für Start und Landung nutzen.

KAPITEL 14

Notverfahren

Eigentlich müsste es nicht Verhalten in besonderen Fällen heißen, sondern Verhüten von besonderen Fällen. Deren gesteigerte Form von Notverfahren erfordert spontane Maßnahmen mit möglichst sofortiger Landung. Weniger imminente Situationen lassen je nach eingeschränktem Flugtüchtigkeitsgrad einen Weiterflug bis zur nächstmöglichen Landemöglichkeit zu.

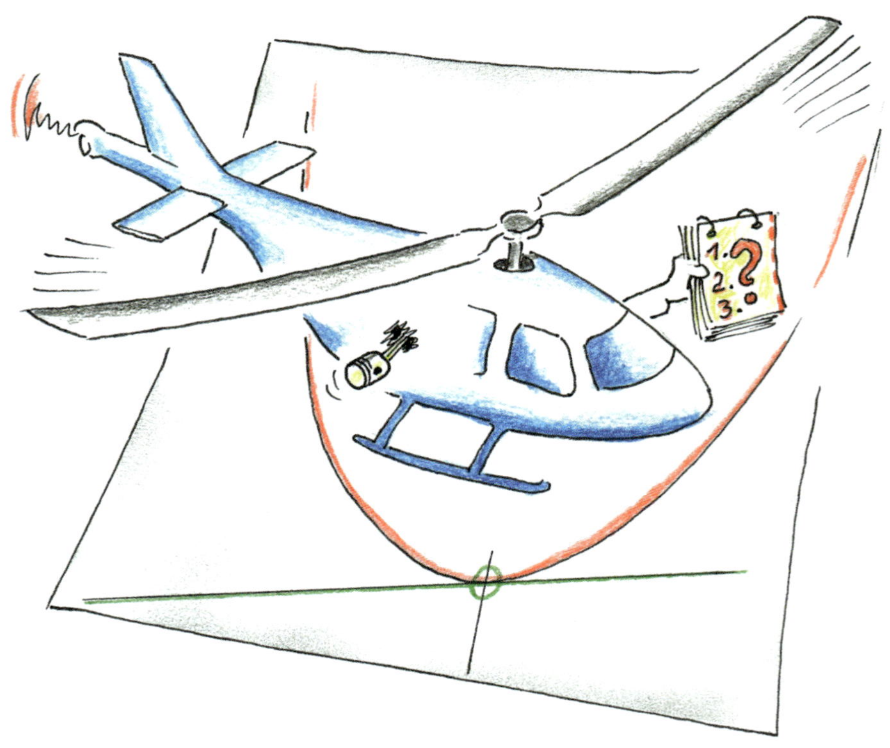

Abb. 216: **Besondere Situationen erfordern sofortiges Handeln. Der Fortgang hängt von der richtigen Entscheidung ab. Entsprechend dem Havariecharakter muss spontan nach Sachkenntnis reagiert werden oder zeitnah gemäß Liste.**

Abb. 217: **Bei Notfallübungen wird primär an den Triebwerksausfall gedacht, da dieser Sofortmaßnahmen erfordert. Die Entscheidung betrifft das zügige Einleiten, die relevante Fahrt für Sinkwinkel und Reichweite, Wahl des Notlandefeldes unter Einbeziehung des Windes.**

Verhalten bei Notfällen

Bei der Behandlung und beim Training von besonderen Fällen werden Triebwerksstörungen und Versagen von dynamischen Komponenten häufig „geübt".

Dabei wird nach dem Grundsatz gehandelt, der auch unter Zeitdruck das richtige Handlungsschema bietet:

- **Hubschrauber unter Kontrolle halten (maintain aircraft control)**
- **Störung und Situation klären (analyse situation)**
- **Richtige Problemlösung einleiten (take proper action)**

Hierzu ein paar Ratschläge zu den Fällen mit größter Dringlichkeit.

Notfälle wie **Motorausfall** lassen nur minimale Zeittoleranz zu, deshalb: im Reiseflug Pitch zügig auf unterste Stellung, Fahrt für geringstes Sinken bzw. größte Reichweite, Landeplatz suchen und gegen den Wind kurven.

Wird beim zögerlichen Einleiten und bei geringer Drehzahl der Pitch dann zu hart gesenkt und verringert sich dadurch die positive Beschleunigung unter plus 0,5 Gs, kann eine Zweiblatt-Rotorebene gegenüber der Rotorachse gefährliche Beanspruchung aufgrund zu starker Verkantung erzeugen – bekannt als „Mast bumping".

Was tun? Notruf absetzen, Flarelage einnehmen, aufrichten und abfangen, alle Schalter AUS, beim Verlassen auf Rotor achten!

Bei erzwungener Landung auf extrem schiefen Ebenen infolge von Notsituationen oder Ignoranz von Steuerbarkeitsgrenzen kann der Rotormast Knickbeanspruchungen ausgesetzt sein.

Für optimale Ausgangsbedingungen für eine Autorotation muss das

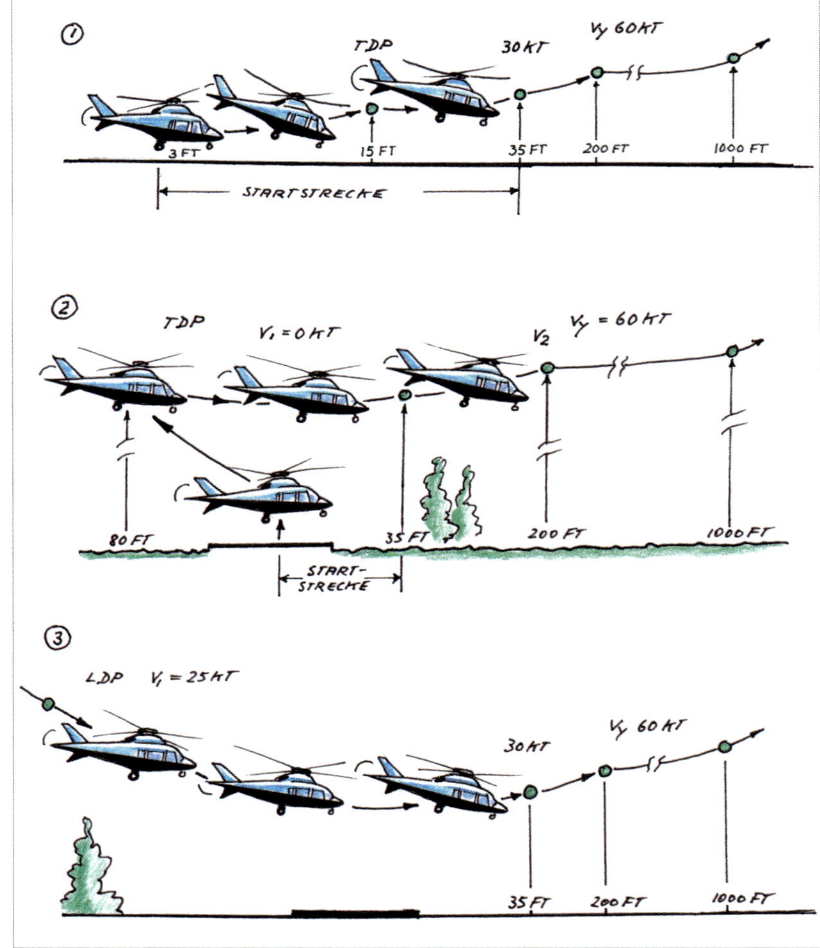

Abb. 218: Die Präventivmaßnahme für das Versagen eines der beiden Triebwerke zeigt die systematische Einstufung von Fahrt und Höhe während des Starts und bei der Landung. In beiden Fällen heißt die Alternative Fortsetzung oder Abbruch des Vorhabens.

Höhen/Fahrt-Diagramm beachtet bleiben. Auch den Überflug von ausgedehnten Wasser- und Waldflächen mit einmotorigen Hubschraubern meiden!

Motorausfall im Schwebeflug

In üblicher Hover-Höhe Pitch nicht senken, kurz über dem Boden anheben und abnehmendes Drehmoment ausgleichen. Mögliche Verfahren bei zweimotorigen Hubschraubern nach Ausfall eines Triebwerks.

Nach Ausfall eines Triebwerks kann sich ein zweimotoriger Hubschrauber wie ein leistungsschwacher Einmotoriger verhalten. [Abb. 218]

1. Triebwerksausfall nach dem Start bzw. nach dem „take off decision point", Entscheidungspunkt, ob mit der bereits anliegenden Fahrt (Übergangsauftrieb) und mit der verbleibenden Leistung des anderen Triebwerks sowie gegebenfalls dessen zulässiger Maximalleistung der

Abb. 219: Das Versagen des Ausgleichsrotors kennt generell drei Kategorien. Der Extremfall tritt bei Totalverlust samt Getriebe ein, was sofortige Autorotation erfordert. Der unterbrochene Antrieb kommt dem ersten Fall nahe, weil ebenfalls steuerlos. Die „harmloseste" Störung stellt den angetriebenen Heckrotor dar, jedoch ohne Steuerung.

Start über das Hindernis fortgesetzt werden kann.

2. Start von einem Helipad mit Triebwerksausfall am oder nach dem „take off decision point" mit Entscheidung zum Fortsetzen des Starts bis zum Erreichen der „take off safety speed" TOSS und Weitersteigen mit V_y, der Geschwindigkeit für bestes Steigen.
3. Motorausfall vor oder am „landing decision point" mit Entscheidung zum Abbruch der Landeabsicht und Durchstarten mit Übergangsauftrieb.

Ausfall des Ausgleichsrotors

[Abb. 219]

Ein Heckrotorversagen endet nicht in jedem Fall fatal. Es hängt logischerweise von der jeweiligen Situation ab, welche „Rettungs"-Möglichkeiten noch verfügbar sind. Generell unterscheidet man drei Kategorien. Der sanftere der Ausfälle ist der Steuerungsausfall, bei nicht mehr praktikabler Verstellung als „fixed tail rotor pitch" oder „stuck pedal" bekannt. Eine Möglichkeit zur Bewältigung dieser Situation ist skizziert.

Unter Totalausfall kann entweder der Bruch oder die Unterbrechung des Heckrotor-Antriebs verstanden werden , gleichbedeutend mit dem Wegfall des Drehmomentausgleichs.

Der Extremfall tritt bei Verlust des Heckrotors einschließlich des Getriebes ein, da hier noch ein geändertes Schwerpunktgebaren des Hubschraubers eintreten kann. Zum Beispiel nach Fremdkörpereinwirkung oder Hindernisberührung.

Steuerungsausfall

Dieser kann verschiedene Ursachen haben. Einige Beispiele:

Bruch von Steuerseilen, Steuerstoß-

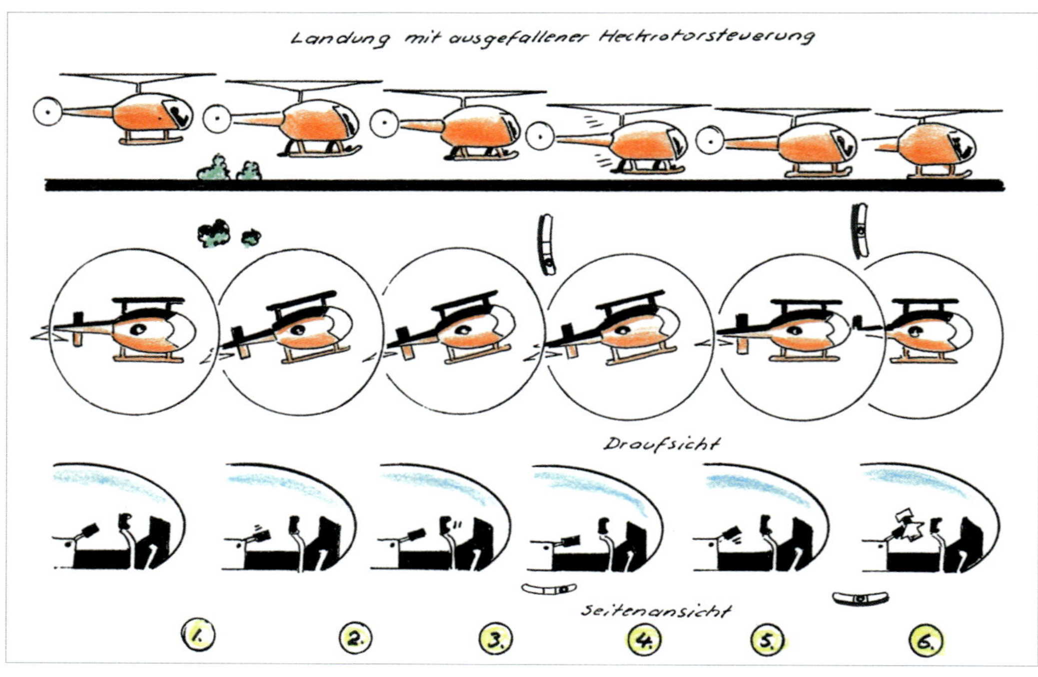

Abb. 220: **Die Sequenz zeigt die Handhabung der Steuerorgane Stick, Pitch, Pedale und sogar Drehgasgriff bei der Landung mit ausgefallener Heckrotorsteuerung.**

stangen- oder Segmenten, Umlenkhebel oder Rollen, Gabelköpfen, Blockade der Steuerung durch unsachgemäß verstautes Gepäck z. B. an den Pedalen. Auch aufgehaspelte Drachenschnüre führen zu blockierter Heckrotorsteuerung.

Bei nicht mehr veränderbarer Einstellung der Heckrotorblätter kann ein Zuglamellen-Element (Bendix-Knochen) eine konstante – wenn auch geringe – Einstellung der Blätter gewährleisten. Nun hängt das weitere Landeverfahren von der Leistungs/ Fahrtkonstellation ab, in der die Blockade einsetzte. Nach Auswahl eines geeigneten Landefeldes wird ein flacher Anflug eingeleitet, wobei die Sinkrate moderat bleibt. Durch Verringern der Motor- / Rotorleistung nimmt das Drehmoment ab, dieses Gieren kann nun nicht mehr mit dem Pedal, sprich mit der Heckrotorverstellung, verhindert werden.

In unserem Fall fliegen wir einen Hubschrauber mit linksdrehendem Rotor. Ein zunehmendes Drehmoment lässt die Rumpfnase nach rechts drehen – ein abnehmendes dreht den Bug nach links. Dies wird im funktionierenden Fall reflektorisch mit Pedal rechts ausgeglichen, doch bei Blockade wird sich das Gieren fortsetzen – dem Wetterfahneneffekt der Seitenflosse entsprechend – solange noch Fahrt an dieser anliegt.

Mit dieser Schiebefluglage nähert man sich mit weniger als üblicher Anflugfahrt der Aufsetzfläche. In Bodennähe verringert man kontinuierlich die Fahrt bis etwa Schwebehöhe. Mit dem Fahrtschwund reduziert sich auch die

Abb. 221: **Skizze mit prinzipiell angenommenen Parametern während der Landung mit gestörter Heckrotorsteuerung. Außer den eingeschätzten Werten der Leistung und der Fahrt wird auch die Höhe eingeblendet.**

Wetterfahnen- Wirkung der senkrechten Flosse, was durch Seitenwind (in unserem Fall) von rechts teilweise kompensiert wird. Sinkt die Fahrt unter ca. „ein Dutzend Knoten", verliert der Hubschrauber den Übergangsauftrieb, den eigentümlichen Auftriebszuwachs ab etwa zwölf Knoten gegenüber der Luftmasse, in der er sich bewegt. Das Sinken nimmt deutlich zu, bis sich ab fünf Knoten der Bodeneffekt entwickelt – ab einer Höhe der Kreisfläche von einer Rotorblattlänge über Grund.

Zwischen diesen beiden aerodynamischen Auftriebszuwächsen besteht zwar keinesfalls eine Auftriebs-„Lücke", aber ein stärkerer Leistungsbedarf, um das Sinken zu bremsen und um den Bodenabstand zu halten. Wird der Anflug so manipuliert, dass der Hubschrauber in der beabsichtigten Landezone den Übergangsauftrieb „verliert", muss hier die Leistung für weiches Aufsetzen erhöht werden. Gleichzeitig wirkt nun das zunehmende Drehmoment so, dass die Rumpfnase nach rechts dreht. Das sanfte in Aufsetzrichtung kontrollierte Berühren des Bodens kann bei kolbenmotorgetriebenen Drehflüglern auch mit dem Gasgriff manipuliert werden. Dies ist bei manchen Turbinenhubschraubern, u. a. ebenso mit manuellem Drehzahl-Regler, möglich.

Der „Idealfall"– wenn man von einem solchen überhaupt im Notfall reden kann – ist die Situation, in der die Kugel des Fluglagezeigers „mittig" ist und die Sinkgeschwindigkeit zufällig zu einer weichen Gleitlandung führen würde. Man musss jedoch realitätshalber unterscheiden zwischen Steuerungsversagen mit „high power" und „low power". Mit hoher Leistung ohne Heckrotorsteuerung eine Landung zu versuchen, hieße, mit hoher Fahrt aufzusetzen oder ohne Übergangsauftrieb einen senkrechten Sinkflug einzuleiten mit dem Risiko des Wirbelringstadiums.

Wieder ist die Kontrolle über den Hubschrauber vorrangig, die Störung ist zu analysieren und man muss sich für den angemessenen Umgang entscheiden. Zunächst erfliegt man den Zustand mit „Kugel mittig". Es kann

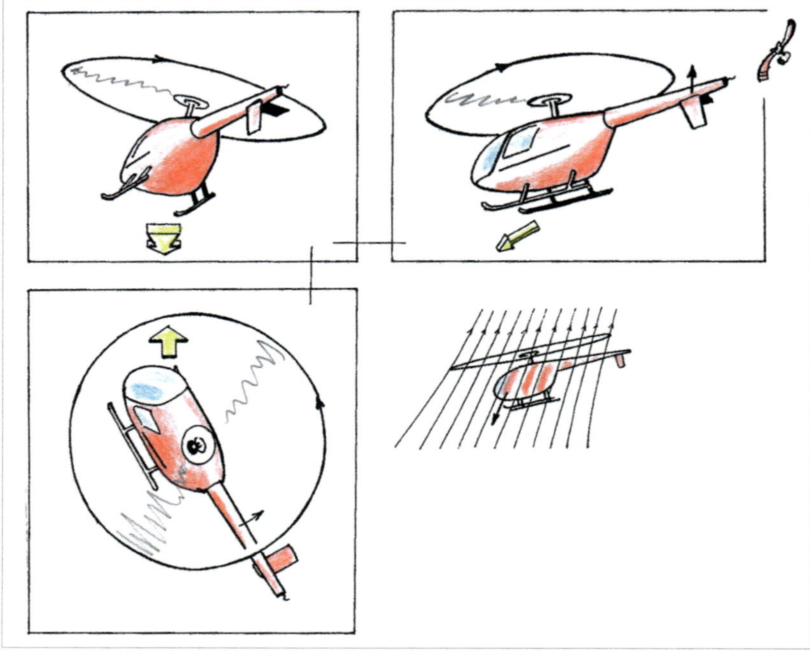

Abb. 222: **Dreiseitenansicht des Hubschraubers im Autorotationszustand nach Verlust des Heckrotors samt Getriebe. Die Fluglage entspricht dem Mitnahmemoment sowie dem Wegfall des Drehmoments und dem fehlenden Gewicht sowie dem eigenen Drehmoment des Heckrotors.**

sein, dass mit hoher Leistung eine höhere Aufsetzgeschwindigkeit in Kauf genommen werden muss, wobei bereits schon Wetterfahnenwirkung und Seitenwindeinfluss zur Richtungsgestaltung beitragen. Wird die Leistungszufuhr im Moment des Aufsetzens übertrieben, giert der Hubschrauber zu weit rechts. Im Falle drohenden Umkippens ist Durchstarten und erneuter Anflugversuch ratsam. Eine mögliche Methode bringt den Hubschrauber in leichter Querlage und flacher Kurvenlage mit dem rechten Landewerk gegen den Wind zuerst an den Boden, bis vor dem Stillstand auch die linke Kufe aufsetzt. Diese Technik verlangt jedoch etwas Panikresistenz.

Je geringer der Leistungsunterschied zwischen dem Zeitpunkt der Blockade und der erforderlichen Power für den flachen Anflug ist, desto einfacher ist das Manöver. Je größer der Unterschied, desto schwieriger wird die Manipulation der gierenden Maschine mit wenig Fahrt. Das Manöver ist variantenreich und ist abhängig von Leistung, Fahrt über Grund und gegenüber der Luftmasse sowie Schiebewinkel-Wechsel während des Aufsetzens. [Abb. 220]

1. Für den Sinkflug reduziert man die Leistung. Selbst flacher Anflug führt zu Schiebefluglage.
2. „Läuft" der Hubschrauber zu weit nach links „aus dem Ruder" und verlässt die Anfluggrundlinie nach links, neigt man die Rotorkreisfläche entsprechend nach rechts. Durch Leistungs- und Drehzahlerhöhung kann die Nase nach rechts gedreht

Abb. 223: **Sofortiges Einleiten der Autorotation nach „Vogelschlag". Im gezeigten Vorgang ist der Heckrotor die „Achillesferse" des Hubschraubers. Der Zustand nach der Beschädigung kann schwer überprüft werden, es muss aber Schlimmes angenommen werden, deshalb ist eine antriebslose Flugsituation die einzige sichere.**

werden, jedoch bei Inkaufnahme des Wegsteigens.

3. Kurz über Grund wird die Fahrt reduziert, man hält aber noch Übergangsauftrieb, bis der Bodeneffekt erwartet werden kann.
4. Bei Verlust des Übergangsauftriebs sinkt der Hubschrauber durch.
5. Man vergrößert die Leistung für weiches Aufsetzen …
6. und erhöht erforderlichenfalls die Drehzahl für Drehung und Ausrichtung des Rumpfes in Ausgleitrichtung.

Heckrotor-Totalausfall [Abb. 223]

Fällt der Heckrotorantrieb total aus, ist weder Drehmomentausgleich noch die Steuerung um die Hochachse möglich. Im Schwebeflug muss sofort die Leistung „weggenommen" werden, damit die spontane Drehung des Rumpfes stoppt. In der Fachsprache heißt dies „Zeigertrennung". Deutlicher: Beim zügigen Reduzieren der Triebwerksleistung fällt deren RPM Anzeige schneller ab als die Rotordrehzahlanzeige. Nun muss mit der verbleibenden Rotorenergie ein weiches Aufsetzen versucht werden, was aus üblicher Hover-Höhe gelingt. Fällt der Heckrotor während des Reisefluges total aus, wird der Rumpf entgegen der Rotordrehrichtung gieren und sich je nach momentaner Motor/-Rotorleistung und Fahrt querstellen oder im unteren Fahrtspektrum sogar weiterdrehen. Um von vornherein diese kaum kontrollierbare Situation zu vermeiden, leitet man sofort bei Erkennen der Havarie eine Autorotation ein. D. h. wiederum Trennen des Antriebs vom Hauptrotorsystem und zügiges Verringern des Hauptrotor-Einstellwinkels auf Minimum. So wird der Hauptrotor freilaufend weiter angetrieben. Das Drehmoment ist „ausgekuppelt". So kann auch noch mit Fahrt ein Notlandefeld angesteuert werden, wobei Hubschrauber bei ca. 100 km/h eine Sinkrate von 7 bis 10 m/sec erreichen (typenabhängig). Die Lage des Rumpfes wird je nach heckrotorbedingtem Nickmoment und Beaufschlagung der horizontalen Flossen von unten durch das Sinken kopflastig tendieren. Sofern komplexe Teile wie Blätter und sogar

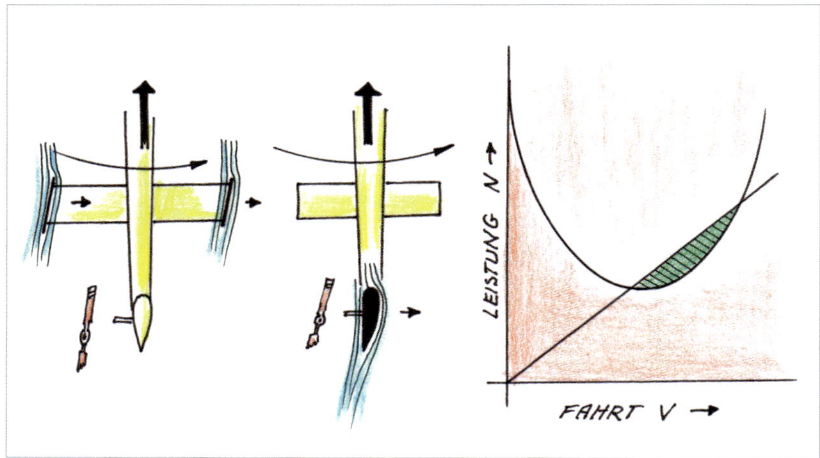

Abb. 224: **Nimmt man an, dass nach dem Verlust des Heckrotors die vertikalen Stabilisierungsflossen durch Fahrt das Drehmoment ausreichend kompensieren, müssen diese stark profiliert oder ausgestellt sein. Zwischen Leistungs- und Fahrtparameter kann es eine schmale „Schnittstelle" geben, die einen gestreckten Bahnneigungsflug zulässt. Doch meist lässt sich mit dem Hubschrauber nicht pokern. Zu langsam bedeutet Gieren, zu schnell ergibt Sinkflug.**

Heckrotorgetriebe verloren sind, fehlt deren Gewicht mit diesem Hebelarm.

Da nun das Hauptrotor-Drehmoment fehlt, tritt ein Mitnahmemoment durch die Lagerreibung im Hauptgetriebe auf. Das bedeutet eine schwache Mitdrehung des Rumpfes in Rotordrehrichtung. Dies wird bei Fahrt nur so weit zur Schiebelage führen, wie effektiv die vertikalen Stabilisierungsflächen dagegenhalten. Letztlich wird der havarierte Hubschrauber in unserem Beispiel eine nach unten geneigte, nach links zeigende Bugnase aufweisen. In Extremfällen kann hierbei der Abstand zwischen der Rotorkreisebene und dem Heckausleger, der sich seines kompletten Heckrotorgetriebes entledigt hat, drastisch eng werden. Deshalb sollten auch hier Steuerausschläge – wenn es die Situation erlaubt – frei von Hektik bleiben.

In Abhängigkeit von Fahrt, Wind, Gelände und Sinkrate wird der Hubschrauber in Flarelage angestellt. Dadurch wird die Drehzahl erhöht und die Fahrt reduziert, in unserem Fall auf „Null". Bei diesem kurzzeitigen Stillstand wird versucht, die Horizontallage einzunehmen und den Hubschrauber senkrecht an den Boden sinken zu lassen. In wenigen Metern über Grund wird die Sinkrate verringert und weich aufgesetzt. Hier beginnt der Rumpf wieder nach links zu gieren und kopflastig zu reagieren.

Die Frage, ob nach Totalausfall des Ausgleichrotors nicht doch ein wenigstens begrenzter Weiterflug möglich ist, kann nur sehr bedingt bejaht werden. Senkrechte Stabilisierungsflächen können den Heckrotor bei hoher Anströmung von vorne – also bei hoher Fahrt – durchaus enorm unterstützen und entlasten, besonders wenn sie entsprechend profiliert oder in effektivem Winkel in Wirkungsrichtung versetzt sind. Für den Wegfall des Heckrotors oder für den Reiseflug so weit gut – für Manövrierbarkeit am Boden bei starkem Wind umso nachteiliger. Die Kompromisslösung liegt dazwischen.

Es existiert ein begrenzter Bereich von Power/Fahrtkonstellationen, wo ein flacher Vorwärtsflug möglich scheint. Dieser ist jedoch keinesfalls als das „Evangelium“ zum „Überbrücken“ anzunehmen, ist sehr begrenzt und nicht auf jeden Helikopter-Typ übertragbar. Generell: Ist die Fahrt für Flossenwirkung hoch, kann die Höhe nicht konstant bleiben. Ist die Fahrt gering, wird u. U. mehr Power erforderlich und das Drehmoment überwiegt, der Hubschrauber dreht sich.

Dennoch sollte im vorliegenden Fall nicht gepokert werden, indem ein vage scheinender Weiterflug riskiert wird. Die sicherste Problemlösung liegt in der „Zeigertrennung“ und der anschließenden Autorotation. Sollte der Hauptrotor durch umherfliegende Heckrotorteile beschädigt sein oder konnte er den Heckausleger berühren, bleibt ohnehin die „powerlose“, aber sicherste Art der Landung: die Autorotation.

Ausfall der Hydraulikanlage: Man wählt ein geeignetes Landefeld.

Der Anflug erfolgt möglichst gegen den Wind. Die Fahrt wird je nach Angabe des Flughandbuches auf den Wert, höchstens Platzrundengeschwindigkeit reduziert. Dabei vermeidet man größere Querlagen und vehemente Fluglagewechsel, deshalb benutzt man nur moderate erforderliche Steuerausschläge. Als Abschluss empfiehlt sich eine Gleitlandung mit nicht übertriebener Ausrutschstrecke, da sich der Hubschrauber auf welligem Untergrund stark aufschaukeln könnte. Ein unnötiger stationärer Schwebeflug sollte möglichst unterbleiben.

Blockiert bei kolbenmotorgetriebenen Hubschraubern das Gasgestänge (z. B. durch Vereisung oder aus mechanischen Gründen), ist eine Gleitlandung angeraten. Leistungsmanipulationen sind auch durch Betätigung der Vergaservorwärmung möglich. Höhere Ansauglufttemperatur ergibt geringeren Füllungsgrad in den Zylindern. Tritt die Blockade bei hoher Leistung auf, ist ein Abstellen des Triebwerks mit anschließender Autorotation zu empfehlen. Denn ein Sinken mit „high power“ ist gegebenenfalls nur ohne Übergangsauftrieb, aber mit der Gefahr des Übergangs in das Wirbelringstadium oder außerdem mit hoher Fahrt möglich. Beachten wir das Leistungsdiagramm mit den Leistungs-/Fahrtkonstellationen!

Vereisung

Auch Hubschrauber können dieser Gefahr ausgesetzt sein. Neben der „klassischen“ Vergaservereisung kann sich unter den bekannten Bedingungen an den dem Luftstrom ausgesetzten Teilen Eis bilden. An den Rotorblättern beginnt der Eisansatz an den inneren Partien, solange die hohe Umfangsgeschwindigkeit im äußeren Bereich infolge aerodynamischer Erwärmung Eis noch verhindert.

Generell ist in Cumuluswolken mit großtropfigem Wasser mit Klareis (clear ice) zu rechnen, unterkühlter Regen ergibt den glasigen Überzug in fast profiltreuer Form. Starke Gewichtszunahme ist die Folge mit Gefahr der Blockade der dem Luftstrom ausgesetzten Steuergestängen. In kleintropfigem Umfeld wie bei Stratuswolken und gefrierendem Nebel bildet sich Pilzeis (rime ice), welches mit einem bizarren Ansatz an der Pro-

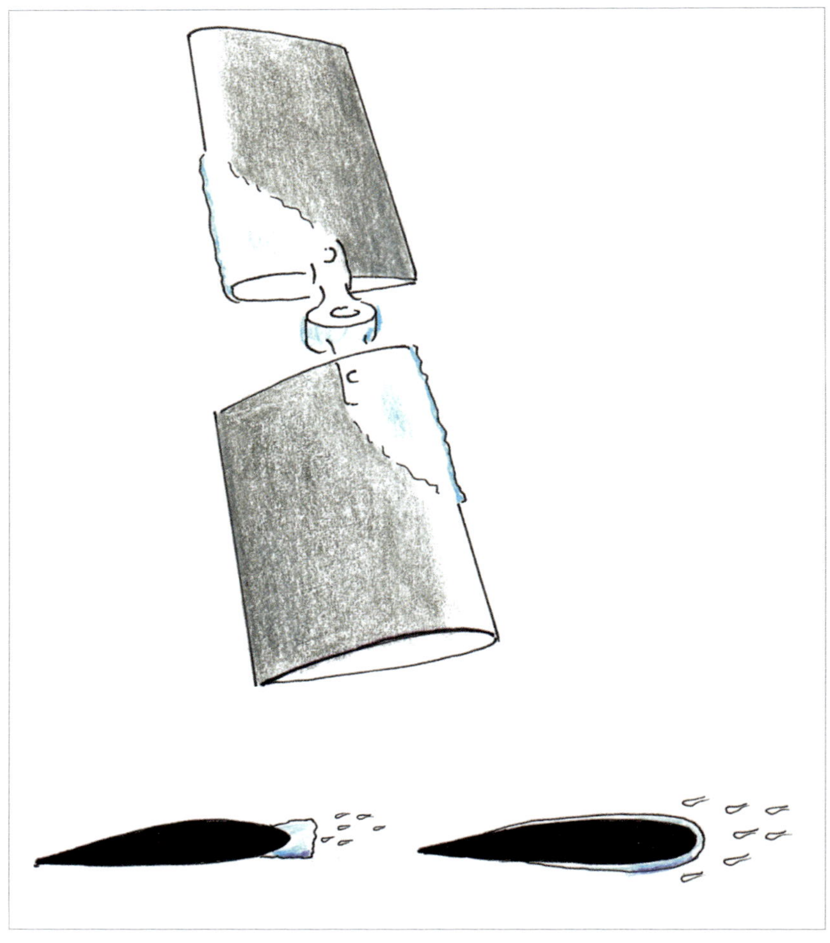

Abb. 225: **Beide Vereisungsarten können die Aerodynamik des Rotors wie auch des Heckrotors stören. Der Eisansatz beginnt meist in den „langsameren" Bereichen. Außen erzeugt die höhere Umfangsgeschwindigkeit eine aerodynamische Aufheizung. Es muss jedoch mit einer Temperaturabnahme von ca. 4 °C aufgrund des Unterdruckes der Oberseite kalkuliert werden.**

filnase die Strömung eklatant stört. Der Widerstand nimmt enorm zu.

Ungleichmäßiges Abplatzen von Eis führt zu starken Vibrationen und wegfliegende Eisbrocken können den Heckrotor stark gefährden. Beginnende Eisbildung ist auch erkennbar an sphärisch gewölbten Teilen wie z. B. Bugspitze und Kufenhörnern.

Verlauf von Taupunkt- und Temperaturkurve geben Aufschluss über Höhe und Vereisungsart. Hier kann um 5.000 Fuß zwischen -4 ° und +4 °C mit Klareis gerechnet werden. In 10.000 Fuß fällt ungefährlicher Schnee. Im Höhenband zwischen 500 und 1.000 Fuß wird um -5 °C Rauheis ansetzen.

Vergaservereisung kommt häufig in Wolkennähe bis +20 °C vor. Rauer und unruhiger Triebwerklauf sowie Leistungsschwund sind erste Anzeichen. Ein Beispiel: Die Aufnahmefähigkeit der Luft ist pro Kubikmeter bei +20 °C mit 17,3 Gramm Wasserdampf erreicht. Bei relativer Feuchte um

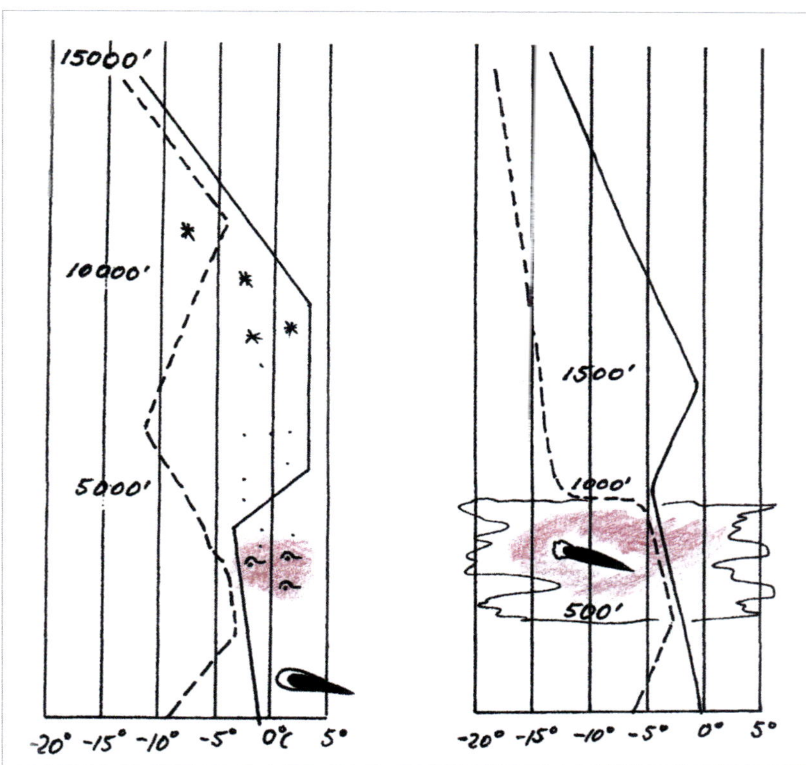

Abb. 226: **Zustandskurven der Atmosphäre. Links sind die Bedingungen für die Eisbildung bei unterkühltem Regen dargestellt. Rechts droht Rauheisbildung, welche die Profilkontur enorm stört.**

50 % beträgt die absolute Feuchte 8,7 Gramm. Durch Abkühlung im Vergaserventuri sinkt die Temperatur um über 10 °C ab. Durch Verdunstung des Benzins sinkt die Temperatur um noch weitere 10 ° bis 15 °C. Bei 0 °C kann die Luft aber keine 8,7 Gramm Feuchte aufnehmen, 100 % sind überschritten, sie kondensiert. Die Temperatur sinkt unter den Gefrierpunkt. Es bildet sich Eisansatz an der Drosselklappe und dahinter. Diese Verengung führt zu weiterem Venturieffekt.

Sichtverlust

Im Winter lauert im Schwebeflug besondere Gefahr. Aufgewirbelter Schnee nimmt radikal jede Sicht und führt zum „Snow out". Sobald der Übergangsauftrieb eingetreten ist, verschwindet der Schneevorhang nach hinten. Auf schwach beleuchteter Schneefläche müssen Objekte bekannter Größe und Form als Anhaltspunkte genommen werden. Bei fehlendem Sonnenlicht werden Schneeflächen konturlos und optisch schlecht erfassbar. Sichtreferenzen für die Fluglagekontrolle werden diffus, dadurch Gefahr des „White out" mit riskantem anschließenden Bodenkontakt. Vorsicht bei der Landung auch neben Gegenständen bekannter Größe, Gelände kann insgesamt uneben sein! Wenn möglich, Räume mit besseren Sichtverhältnissen ansteuern.

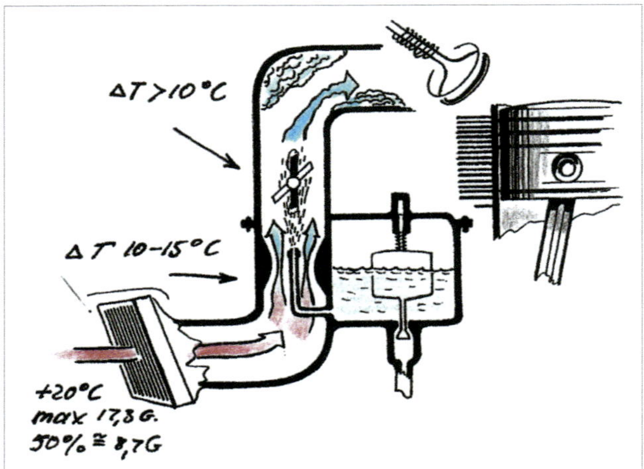

Abb. 227: **Das Tückische einer Vergaservereisung ist bekanntlich die scheinbare Unberechenbarkeit. Dieser Eisbildung wird erst Glauben geschenkt, wenn sie bereits so weit fortgeschritten ist, dass ein deutlicher Leistungsabfall eintritt.**

Unkalkulierte Risiken

Auch mit dem Hubschrauber kann man nicht unbedenklich in Gebiete mit marginalen Wetterverhältnissen einfliegen. Im Bewusstsein, dass die Chancen für eine ereignislose Außenlandung mit dem Helikopter besser stehen als mit einem Starrflügler, werden die Möglichkeiten oft riskanterweise extrem ausgeschöpft. Gerade darin verbirgt sich die Gefahr, denn bei schlechter Sicht werden Hindernisse zu spät erkannt und womöglich berührt. Selbst hervorragende Sichtverhältnisse über geschlossenen Wolkendecken sollten nicht dazu verführen, diese Bedingungen auch im Zielgebiet anzunehmen. Ein geeigneter Landeplatz kann zur Mangelware werden. Informationen über das Wettergeschehen sollten stets abrufbar sein. Zudem ist ein Wissen über Wettergeschehnisse und -abläufe unabdingbar.

VERHALTEN IN NOTFÄLLEN

Technische Störungen können in Kategorien sofortige Maßnahmen verlangen, wenn zum Beispiel das Triebwerk versagt und zur Autorotation zwingt. Bei Ausfall eines Überwachungsinstruments rät man zur nächst praktikablen Landung ohne Panik. Fällt ein nicht lebenswichtiges Aggregat wie Klimaanlage aus, kann der Weiterflug noch bis zur „Werkstatt" fortgesetzt werden, es sei denn, es sind ungewöhnliche Geräusche oder wie bei elektrischen Störungen typische „Gerüche" und Wahrnehmungen Anlass für eine baldige Sicherheitslandung.

Abb. 228: **Weiß und konturlos – die größte Gefahr in winterlichen Gebieten. Es ist fast unmöglich, die sichere Fluglage einzuhalten, wenn optische Referenzen fehlen. An vertikalen und horizontalen Objektlinien festhalten!**

Abb. 229: **Selbst kleinere Gegenstände können räumliche Disorientierung vermeiden helfen, jedoch spielt dabei deren Lage eine wichtige Rolle. Was nützt zum Beispiel eine schräge Sitzbank oder ein vom Rotorwind verwehter Lattenzaun?**

Abb. 230: **Die verlockende Fernsicht über einer geschlossenen Wolkendecke darf nicht zum Überschätzen der Bedingungen auch am Zielflugplatz verführen. Zur Umkehr sollte man sich rechtzeitig und mit der ausreichenden Kraftstoffmenge entscheiden. Unter einer tiefen Wolkenbasis muss auch mit aufliegender Schicht gerechnet werden.**

Abb. 231: **Die „bilderbuchmäßigen" Vorstellungen vom Frontengeschehen einer Zyklone entsprechen nicht regelmäßig dem Idealbild, unterstützen aber das Einschätzen von Wetterentwicklungen.**

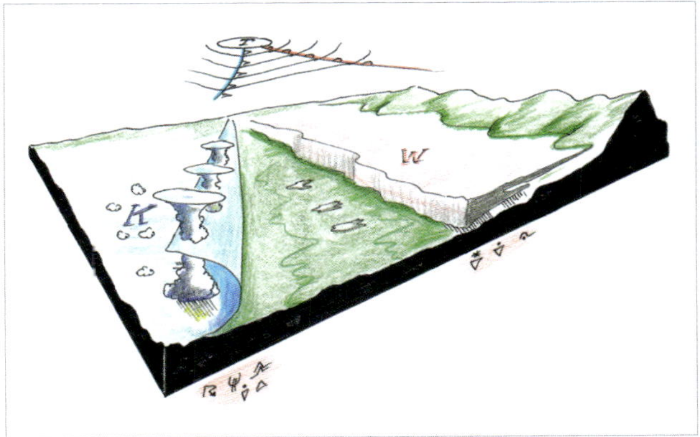

Register

Kleine Wissensprüfung

Auf diesen beiden Seiten finden Sie ingesamt 50 Test-Fragen. Die Beantwortung dieser Fragen prüft wichige Inhalte dieses Buches ab. So können Sie selbst entdecken, wo Sie gegebenenfalls nochmals im Buch nachlesen sollten, um den Inhalt wirklich zu beherrschen.
Antworten und Lösungshinweise finden Sie auf den Umschlaginnenseiten.

1. Zeichnen Sie am Rotorblattelement die einzelnen Kräfte im Schwebeflug ein!
2. Wie kommt der Bodeneffekt zustande?
3. Wie verhalten sich Rotorschub und Gewicht im Schwebeflug?
4. Was ist der Konuswinkel?
5. Wodurch und wann entsteht der Übergangsauftrieb?
6. Warum dreht der Hubschrauber bei Aufnahme von Fahrt um die Hochachse?
7. Zeichnen Sie den Leistungsbedarf des Hubschraubers!
8. Tragen Sie die Geschwindigkeit für max. Flugdauer, größte Reichweite und V_{ne} ein!
9. Zeichnen Sie das Höhen / Fahrt-Diagramm!
10. Kommentieren Sie die darin dargestellten Situationen!
11. Zeichnen Sie am Blattelement den Autorotationszustand!
12. Wo befinden sich im senkrechten Autorotationzsustand die antreibenden Tangentialkräfte?
13. Wie verändern sich bei Vorwärts-Autorotation die Kräfte bei linksdrehendem Rotor?
14. Wozu dient der Flare?
15. Wann treten die Coriolis-Kräfte auf und was bewirken sie?
16. Wodurch wird ein Drehzahlzusammenbruch verhindert? Bei AR, im Hoverflug.
17. Wozu dient ein aufwärts geknickter Heckausleger?
18. Zeichnen Sie den Steuerimpuls zur Aufnahme von Vorwärtsfahrt, linksdrehendem Rotor, Blattwinkel 7°, periodischer 3°!
19. Wann kann Bodenresonanz eintreten?
20. Wann tritt mast bumping auf?
21. Wo ist bei Vorwärtsfahrt das Gebiet mit Rückanströmung?
22. In welchem Bereich tritt der Strömungsabriss bei Vorwärtsfahrt auf?
23. Wie ist bei Vorwärtsfahrt und linksdrehendem Rotor der „stall“ erkennbar?
24. Wie kann ein „stall" beendet werden?
25. Zeichnen Sie den Rotorstrahl im stationären Schwebeflug HOGE und HIGE!
26. Zeichnen Sie den Rotorstrahl im Vorwärtsflug!
27. Wie entsteht das Wirbelringstadium?
28. Wie wird das WRS beendet?
29. Stellen Sie den geometrischen, induzierten und effektiven Anstellwinkel dar!

30. Warum bevorzugt man bei Helis ohne Hydraulik vorwiegend symmetrische Profile?
31. Wozu dient die Schränkung der Rotorblätter?
32. Welchen Zweck erfüllen Schlaggelenke?
33. Welche Arten von Schlaggelenken gibt es?
34. Wozu dient der schräge Schlaggelenkbolzen des Heckrotors?
35. Wann werden Schwenkgelenke benötigt?
36. Stellen Sie Sinkgeschwindigkeit, Vorwärtsfahrt und größte Reichweite in der AR dar!
37. Wann kann der Heckrotor in das WRS geraten?
38. Wie lässt sich die Steuerung bei blockiertem Heckrotor-Steuergestänge bewältigen?
39. Was ist bei totalem Heckrotorausfall zu tun?
40. Was kann am vorlaufenden Blatt bei hoher Geschwindigkeit auftreten?
41. Wozu dient die Taumelscheibe?
42. Was ist ein Schaukelrotor?
43. Wie verhält sich der effektive Anstellwinkel bei konstantem Vertikaldurchsatz und erhöhter Drehzahl?
44. Was ist die Ursache von Vertikal- und Horizontalschwingungen?
45. Welche Aufgabe hat die horizontale Stabilisierungsflosse?
46. Welchen Zweck hat die vertikale Stabilisierungsflosse?
47. Warum muss die Rotordrehzahl immer im Betriebsbereich gehalten werden?
48. Welche Elemente werden bei der Beladeberechnung zugrundegelegt?
49. Wann wirkt die Tangentialkraft in der Autorotation bremsend, wann antreibend?
50. Wie verhält sich die Rotordrehzahl in der Autorotation-Kurve, bei Aufholen von Fahrt?